0　はじめに

本書は Grothendieck による Picard スキームの
標とする．Picard スキームとは, 大まかにいって S 上のスキーム $f\colon X \to S$ に対して相対的 Picard 群 $\mathrm{Pic}(X)/f^*\mathrm{Pic}(S)$ にスキームの構造を与えたものである．後に述べるようにこれは多くの応用を持つ．まず歴史的背景から説明しよう．C を種数 g の compact Riemann 面（あるいは複素数体上の非特異代数曲線）とするとき, $0 \to \mathbb{Z} \to \mathscr{O}_C \xrightarrow{\exp(2\pi \mathrm{i})} \mathscr{O}_C^* \to 1$ という完全系列により

$$H^1(C, \mathbb{Z}) \to H^1(C, \mathscr{O}_C) \to H^1(C, \mathscr{O}_C^*) \xrightarrow{c_1} H^2(C, \mathbb{Z}) \to 0$$

という長完全系列が得られ $\mathrm{Pic}^0(C) = \ker(c_1)$ と定義しこれを C の Picard 多様体あるいは Jacobi 多様体と呼ぶ．$\mathrm{Pic}^0(C) = H^1(C, \mathscr{O}_C)/H_1(C, \mathbb{Z})^*$ が上記の完全系列から判る．これは g 次元の Abel 多様体である．$C^{(g)}$ を C の g 次対称積とするとき $\Phi\colon C^{(g)} \to \mathrm{Pic}^0(C)$ を Abel–Jacobi 写像とする．つまり基点 $x_0 \in C$ からの経路積分とする．ただし次数 g の有効因子 D を $C^{(g)}$ の元と見做している．Abel の定理から $\Phi(D) = \Phi(E) \Leftrightarrow D \sim E$ である．$D \sim E$ は線形同値を意味する．即ち $\mathrm{Pic}^0(C)$ は $C^{(g)}$ の線形同値な有効因子を 1 点に潰して得られるものと認識される．

Grothendieck は一般のスキームに対して Picard 多様体を拡張しようとして, この考え方を拡張しようと考えた．即ち $f\colon X \to S$ を S 上のスキームとするとき, S 上の相対的有効因子全体 $\mathrm{Div}_{X/S}$ というものを定義し, これにスキームの構造を入れる．そしてこのスキームを線形同値の同値関係で割るという操作を構成した．$\mathrm{Div}_{X/S}$ にスキームの構造を入れるには Hilbert スキームという道具を用いる．そのためこの本では Hilbert スキームの構成からスタートする．その次に Picard 関手を層化するという操作が必要になるために Grothendieck 位相について必要な部分を解説した．Grothendieck 位相とは圏に位相を定義するものであり, 集合の位相の考えを大幅に拡張したものである．最後に Picard 多様体の拡張を上記の方法で代数的に構成していく．

このようにして拡張された Picard 多様体を Picard スキームと呼ぶ．こうして代数的に構成することにより, 特異点を持つ代数多様体に対しても Picard スキームが定義でき, 基礎体の標数が正の代数多様体に対しても Picard スキームが定義できるようになる．これの応用は広く, 一例として標数が 0 とは限らない代数曲面の双有理幾何的な分類をする際に Picard スキームを用いることが非常に有効であることを挙げておく．[1] を参照せよ．

この本を読むのに必要な前提知識は, Hartshorne [21] 程度の代数幾何学の知識と, étale 射についての知識である．[2, 21] を参照のこと．また圏論についての知識も必要である．特に表現可能関手についての知識は必須である．[23] を参照せよ．さらにバックボーンとして知っていて欲しいのが複素代数幾何の Riemann 面の Abel–Jacobi 写像の理論である．これは技術的には必要ないが証明のアイデアのバックボーンとなっているので知っていて欲しい．[22] を参照せよ．以上を前提知識として最短距離で Picard スキームを構成していくというのが, この本の内容である.

1 Hilbert スキームと Quot スキーム

1.1 Hilbert 関手と Quot 関手

この節では, 段階的に Hilbert 関手と Quot 関手を定義していく. まず最初に射影空間の平坦族を表す Hilbert 関手を定める. 閉部分スキームは構造層のイデアル層を定めるが, それの余核を考えることで特殊な Quot 関手が定義される. それを一般化して Quot 関手が定義される.

S を局所 Noether 的スキームとして, $\mathbb{P}^n$ 内の S でパラメータ付けられた部分スキームの平坦族とは, 閉部分スキーム $Y \subset \mathbb{P}^n_S$ で S 上平坦なものと定義する.

局所 Noether 的スキーム S に対して

$$\mathfrak{Hilb}_{\mathbb{P}^n}(S) = \{\, Y \mid Y \subset \mathbb{P}^n_S \text{ は } S \text{ 上平坦な閉部分スキーム} \,\}$$

とすると反変関手 $\mathscr{C}^{op} \to (\mathrm{Set})$ が定まることをみる. ただし $\mathscr{C}$ は局所 Noether 的スキームの圏を表す.

$f\colon T \to S$ を局所 Noether 的スキームの射に対して引き戻し

$$f^*\colon \mathfrak{Hilb}_{\mathbb{P}^n}(S) \to \mathfrak{Hilb}_{\mathbb{P}^n}(T)$$

を $Y \mapsto (\mathrm{id}_{\mathbb{P}^n} \times f)^{-1}(Y)$ で定める.

後により一般化して示すが, この関手は表現可能である. 即ち $\mathrm{Hilb}_{\mathbb{P}^n} \in \mathscr{C}$ と平坦族 $Z \subset \mathbb{P}^n_{\mathbb{Z}} \times \mathrm{Hilb}_{\mathbb{P}^n}$ であって, 任意の $S \in \mathscr{C}$ 上の平坦族 $Y \subset \mathbb{P}^n_S$ に対して唯一の射 $\phi\colon S \to \mathrm{Hilb}_{\mathbb{P}^n}$ が存在して $(\mathrm{id}_{\mathbb{P}^n} \times \phi)^{-1}(Z) = Y$ となる. 別の言い方をすれば関手の同型

$$\mathfrak{Hilb}_{\mathbb{P}^n}(-) \simeq \mathrm{Hom}_{\mathscr{C}}(-, \mathrm{Hilb}_{\mathbb{P}^n})$$

がある.

さて, 平坦族 $Y \subset \mathbb{P}^n_S$ に対して, $\mathscr{I} \subset \mathscr{O}_{\mathbb{P}^n_S}$ を対応する平坦なイデアル層とすると, 完全系列

$$0 \to \mathscr{I} \xrightarrow{i} \mathscr{O}_{\mathbb{P}^n_S} \xrightarrow{q} \mathscr{O}_Y \to 0$$

が得られる. i の代わりに q に注目することで, 関手 $\mathfrak{Hilb}_{\mathbb{P}^n}$ を次のように一般化することが出来る. r を自然数として $\mathscr{F}$ を連接 $\mathscr{O}_{\mathbb{P}^n_S}$ 加群として, 完全系列

$$\oplus^r \mathscr{O}_{\mathbb{P}^n_S} \xrightarrow{q} \mathscr{F} \to 0$$

に対して, 対 $(\mathscr{F}, q)$ を考える. このような対 $(\mathscr{F}, q)$ の全体に次の同値関係 $\sim$ を入れる: $(\mathscr{F}, q) \sim (\mathscr{F}', q')$ とは, $\ker(q) = \ker(q')$ で可換図式

$$\begin{array}{ccccc} \oplus^r \mathscr{O}_{\mathbb{P}^n_S} & \xrightarrow{q} & \mathscr{F} & \longrightarrow & 0 \\ \| & & \simeq \downarrow f & & \\ \oplus^r \mathscr{O}_{\mathbb{P}^n_S} & \xrightarrow{q'} & \mathscr{F}' & \longrightarrow & 0 \end{array}$$

を満たす同型 f が存在することとする. $(\mathscr{F}, q)$ の同値類 $\langle \mathscr{F}, q \rangle$ と書き, S 上パラメータ付けられた同値類という.

$$\mathfrak{Quot}_{\oplus^r \mathscr{O}_{\mathbb{P}^n}}(S) = \{\, S \text{ 上パラメータ付けられた } \langle \mathscr{F}, q \rangle \text{ 全体} \,\}$$

と定義する. これを関手として定める. $f\colon T \to S$ に対して

$$f^*\colon \mathfrak{Quot}_{\oplus^r \mathscr{O}_{\mathbb{P}^n}}(S) \to \mathfrak{Quot}_{\oplus^r \mathscr{O}_{\mathbb{P}^n}}(T)$$

を $\oplus^r \mathscr{O}_{\mathbb{P}^n_S} \xrightarrow{q} \mathscr{F} \to 0$ の $\mathrm{id}_{\mathbb{P}^n} \times f\colon \mathbb{P}^n_T \to \mathbb{P}^n_S$ による引き戻しで定義する.

ここまでは具体的な例を扱ってきた. これらをより一般化しよう. $\mathfrak{Hilb}_{X/S}$ と $\mathfrak{Quot}_{E/X/S}$ という関手を定める. S を Noether 的スキームとして $X \to S$ を S 上の有限型スキームとする. E を X 上の連接層とする. (Sch/S) を S 上の局所 Noether 的スキームの圏とする. $(T \to S) \in (\mathrm{Sch}/S)$ に対して T によってパラメータ付けられている E の商とは次のような対 $(\mathscr{F}, q)$ とする:

(1) $X_T = X \times_S T$ 上の連接層 $\mathscr{F}$ で, $\mathscr{F}$ の台は T 上固有で $\mathscr{F}$ は T 上平坦.

(2) 全射の $\mathscr{O}_{X_T}$ 線形準同型 $q\colon E_T \to \mathscr{F}$. ここで E_T は E の射影 $X_T \to X$ での引き戻しである.

T によってパラメータ付けられている二つの E の商 $(\mathscr{F}, q)$ と $(\mathscr{F}', q')$ が同値 $(\mathscr{F}, q) \sim (\mathscr{F}', q')$ であるとは $\ker(q) = \ker(q')$ であって図式

$$\begin{array}{ccccc} E_T & \xrightarrow{q} & \mathscr{F} & \longrightarrow & 0 \\ \| & & \simeq \downarrow f & & \\ E_T & \xrightarrow{q'} & \mathscr{F}' & \longrightarrow & 0 \end{array}$$

を可換にする同型射 f が存在することとする. $\langle \mathscr{F}, q \rangle$ を同値類とする.

$$\mathfrak{Quot}_{E/X/S}\colon (\mathrm{Sch}/S)^{op} \to (\mathrm{Set})$$

を $(T \to S) \mapsto \{T \text{ 上パラメータ付けられた } \langle \mathscr{F}, q \rangle \text{ 全体} \}$ と定める. これを関手にするには射に関する引き戻しを定義しなければならないが以前と同様である. 平坦性と固有性に注意せよ. この関手を Quot 関手と呼ぶ.

特に $E = \mathscr{O}_X$ のときは, $\mathfrak{Quot}_{\mathscr{O}_X/X/S}\colon (\mathrm{Sch}/S)^{op} \to (\mathrm{Set})$ は

$$(T \to S) \mapsto \{\, Y \mid Y \subset X_T \text{は } T \text{ 上固有で平坦な閉部分スキーム} \,\}$$

となる．ここで $0 \to \ker(q) \xrightarrow{i} \mathscr{O}_X \xrightarrow{q} \mathscr{F} \to 0$ により $\mathscr{F}$ とイデアル層 $\ker(q)$ を同一視している．この関手を $\mathfrak{Hilb}_{X/S}$ と書き Hilbert 関手と呼ぶ．

このあと $\mathfrak{Quot}_{E/X/S}$ が表現可能関手である条件を考える．表現するスキームを Quot スキームと呼ぶ．これが表現可能であればその他の特殊な関手は全て表現可能となる．$\mathfrak{Hilb}_{X/S}$ を表現するスキームを Hilbert スキームと呼ぶ．

1.2 Quot 関手の Hilbert 多項式による階層化

k を体として X を k 上の有限型スキームとし L を X 上の直線束とする．$\mathscr{F}$ を X 上の連接 $\mathscr{O}_X$ 加群で $\mathrm{Supp}(\mathscr{F})$ は k 上固有とする．

$$\Phi(m) = \chi(\mathscr{F}(m)) = \sum_{i=0}^{n} (-1)^i \dim_k H^i(X, \mathscr{F} \otimes L^{\otimes m})$$

これは Hilbert 多項式 $\Phi \in \mathbb{Q}[\lambda]$ を定める．

次に体 k 上の Noether 的スキームの圏で考える．$f\colon X \to S$ を有限型射として L を X 上の直線束とする．$\mathscr{F}$ を平坦な連接 $\mathscr{O}_X$ 加群で $\mathrm{Supp}(\mathscr{F})$ は X 上固有とする．$s \in S$ に対して X_s 上の直線束 $L_s = L|_{X_s}$ と連接層 $\mathscr{F}_s = \mathscr{F}|_{X_s}$ が定める Hilbert 多項式を $\Phi_s \in \mathbb{Q}[\lambda]$ とする．$\mathscr{F}$ は平坦なので $s \mapsto \Phi_s$ は局所定数である．このことにより関手 $\mathfrak{Quot}_{E/X/S}$ は自然に双対積に分解する:

$$\mathfrak{Quot}_{E/X/S} = \coprod_{\Phi \in \mathbb{Q}[\lambda]} \mathfrak{Quot}^{\Phi, L}_{E/X/S}$$

ここで $f\colon T \to S$ に対して

$$\mathfrak{Quot}^{\Phi, L}_{E/X/S}(T) = \left\{ \langle \mathscr{F}, q \rangle \in \mathfrak{Quot}_{E/X/S}(T) \;\middle|\; \begin{array}{l} \text{任意の } t \in T \text{ に対して } \mathscr{F}_t \text{ の } L_t \text{ に} \\ \text{関する Hilbert 多項式が } \Phi \end{array} \right\}$$

としている．対応して $\mathfrak{Quot}_{E/X/S}$ が $\mathrm{Quot}_{E/X/S}$ で表現されるときは

$$\mathrm{Quot}_{E/X/S} = \coprod_{\Phi \in \mathbb{Q}[\lambda]} \mathrm{Quot}^{\Phi, L}_{E/X/S}$$

と双対積に分解される．

X が S 上に (準) 射影的で, L が相対的に非常に豊富な直線束であれば $\mathfrak{Quot}^{\Phi, L}_{E/X/S}$ は表現可能関手であることを示すことを目標とする．

1.3 Grassmann 関手と Grassmann スキーム

Quot スキームの大切な例はこれから構成する Grassmann スキームである．$\mathrm{Quot}_{E/X/S}$ は Grassmann スキームの中に実現される．多様体論や Lie 群論などに現れ

る Grassmann 多様体をスキームの言葉に翻訳したものが Grassmann スキームである．ここではアフィンスキームを貼り合わせることで Grassmann スキームを初等的に構成する．

整数 $r \geq d \geq 1$ に対して $\mathbb{Z}$ 上の Grassmann スキーム $\mathrm{Grass}(r,d)$ と普遍商

$$u\colon \oplus^r \mathscr{O}_{\mathrm{Grass}(r,d)} \twoheadrightarrow \mathscr{U}$$

を以下のように構成する．ここで $\mathscr{U}$ は $\mathrm{Grass}(r,d)$ の階数 d の局所自由層である．

$d \times r$ 行列 M と $I \subset \{1,2,\ldots,r\}$ で $\#(I) = d$ なるものをとる．$I = \{i_1, i_2, \ldots, i_d\}$ で $i_1 < i_2 < \cdots < i_d$ とするとき，M_I で M の $i_1, i_2, \ldots, i_d$ 番目の列ベクトルを並べた $d \times d$ 行列を表すとする．この添字の集合 I を $I = \{i_1 < i_2 < \cdots < i_d\}$ のように表す．$J = \{j_1 < j_2 < \cdots < j_d\}$, $K = \{k_1 < k_2 < \cdots < k_d\}$ なども同様とする．行列 X^I を $x^I_{p,q}$ を不定元として $(1 \leq p \leq d,\ 1 \leq q \leq r-d)$

$$\begin{pmatrix}
x^I_{1,1} & x^I_{1,2} & \cdots & 1 & \cdots & 0 & \cdots & 0 & \cdots & 0 & \cdots & x^I_{1,r-d} \\
x^I_{2,1} & x^I_{2,2} & \cdots & 0 & \cdots & 1 & \cdots & 0 & \cdots & 0 & \cdots & x^I_{2,r-d} \\
x^I_{3,1} & x^I_{3,2} & \cdots & 0 & \cdots & 0 & \cdots & 1 & \cdots & 0 & \cdots & x^I_{3,r-d} \\
\vdots & \vdots & \ddots & \vdots & \ddots & \vdots & \ddots & \vdots & \ddots & \vdots & \ddots & \vdots \\
x^I_{d,1} & x^I_{d,2} & \cdots & 0 & \cdots & 0 & \cdots & 0 & \cdots & 1 & \cdots & x^I_{d,r-d}
\end{pmatrix}$$

$$\underbrace{}_{i_1\text{列}} \qquad \underbrace{}_{i_2\text{列}} \qquad \underbrace{}_{i_3\text{列}} \qquad \underbrace{}_{i_d\text{列}}$$

と定める．X^I_I は $d \times d$ の単位行列となっていて，それ以外は不定元 $x^I_{p,q}$ である行列である．

$U^I = \operatorname{Spec} \mathbb{Z}[X^I]$ とおくと $U^I \cong \mathbb{A}^{d(r-d)}_{\mathbb{Z}}$ である．$P^I_J = \det(X^I_J) \in \mathbb{Z}[X^I]$ とおくと，$U^I_J = \operatorname{Spec} \mathbb{Z}[X^I, 1/P^I_J]$ は U^I の開部分スキームとなる．U^I_J 上で $d \times d$ 行列 X^I_J は逆行列 $(X^I_J)^{-1}$ を持つ．

任意の I, J に対して環準同型 $\theta_{I,J}\colon \mathbb{Z}[X^J, 1/P^J_I] \to \mathbb{Z}[X^I, 1/P^I_J]$ を次のように定める．すなわち $\theta_{I,J}(x^J_{p,q})$ を $\theta_{I,J}(X^J) = (X^I_J)^{-1} \cdot X^I$ を満たすように定める．特に $\theta_{I,J}(P^J_I) = 1/P^I_J$ なので $\theta_{I,J}$ は $\mathbb{Z}[X^J, 1/P^J_I]$ に拡張される．

また $\theta_{I,I}$ は $U^I_I = U^I$ 上恒等写像であり

$$\theta_{I,K} = \theta_{I,J} \cdot \theta_{J,K}$$

という cocycle 条件が満たされる．よって $\binom{r}{d}$ 個の U^I たちが $\theta_{I,J}$ たちによって接着されて一つの $\mathbb{Z}$ 上の有限型スキームが構成される．このスキームを $\mathrm{Grass}(r,d)$ と書き Grassmann スキームと呼ぶ．

各 U^I は $\mathbb{A}^{d(r-d)}_{\mathbb{Z}}$ と同型なので $\mathrm{Grass}(r,d) \to \operatorname{Spec} \mathbb{Z}$ は相対次元 $d(r-d)$ の滑らかな射である．

命題 1.3.1. $\pi\colon \mathrm{Grass}(r,d) \to \operatorname{Spec}\mathbb{Z}$ は分離射である.

証明. $\mathrm{Grass}(r,d)$ の対角スキーム Δ と $U^I \times U^J$ の交わり $\Delta_{I,J} = \Delta \cap (U^I \times U^J)$ は $X_I^J X^I - X^J = 0$ の成分で定義される閉部分スキームであるから $\mathrm{Grass}(r,d)$ は分離スキームである. □

命題 1.3.2. $\pi\colon \mathrm{Grass}(r,d) \to \operatorname{Spec}\mathbb{Z}$ は固有射である.

証明. 離散付値環 (DVR) による付値判定法を用いる. $\mathcal{R}$ を DVR として $\mathcal{K}$ をその商体とする.

$$\begin{array}{ccc} \operatorname{Spec}\mathcal{K} & \xrightarrow{\varphi} & \mathrm{Grass}(r,d) \\ \downarrow & \nearrow & \downarrow{\scriptstyle \pi} \\ \operatorname{Spec}\mathcal{R} & \longrightarrow & \operatorname{Spec}\mathbb{Z} \end{array}$$

という可換図式に対して, 持ち上げ $\operatorname{Spec}\mathcal{R} \to \mathrm{Grass}(r,d)$ があることを証明すればよい. φ の像が U^I に入っているとする. φ は $f\colon \mathbb{Z}[X^I] \to \mathcal{K}$ に対応しているとする. このような I を一つ固定する. $\nu\colon \mathcal{K} \to \mathbb{Z} \cup \{\infty\}$ を離散付値とする. J を $\nu(f(P_J^I))$ を最小になるように一つとる. $P_I^I = 1$ より $\nu(f(P_J^I)) \leq 0$. よって $f(P_J^I) \neq 0 \in \mathcal{K}$ となり, $f(X_J^I) \in \mathrm{GL}_d(\mathcal{K})$. 準同型 $g\colon \mathbb{Z}[X^J] \to \mathcal{K}$ を $g(X^J) = f((X_J^I)^{-1} \cdot X^I)$ と定める. g は $\varphi\colon \operatorname{Spec}\mathcal{K} \to \mathrm{Grass}(r,d)$ と同じ射を定める. さらに任意の K に対して X_K^J は $\nu(g(P_K^J)) \geq 0$ を満たす. X_J^J は単位行列なので X^J の任意の成分 $x_{p,q}^J$ に対して $\nu(g(x_{p,q}^J)) \geq 0$ が成り立つ. よって g は $g\colon \mathbb{Z}[X^J] \to \mathcal{R} \to \mathcal{K}$ と分解する. 対応するスキームの射 $\operatorname{Spec}\mathcal{K} \to \operatorname{Spec}\mathcal{R} \to U^J \to \mathrm{Grass}(r,d)$ は目標としていた持ち上げである. よって π は固有射である. □

さて $\mathrm{Grass}(r,d)$ 上には普遍商と呼ばれる階数 d の局所自由層 $\mathscr{U}$ と全射

$$u\colon \oplus^r \mathscr{O}_{\mathrm{Grass}(r,d)} \twoheadrightarrow \mathscr{U}$$

が次のように定義される. 後に述べるように対 $(\mathscr{U}, u)$ は射影空間 $\mathbb{P}^n$ 上の自然な全射

$$\oplus^{n+1}\mathscr{O}_{\mathbb{P}^n} \twoheadrightarrow \mathscr{O}_{\mathbb{P}^n}(1)$$

に相当する普遍性が存在する.

各 U^I 上 $u^I\colon \oplus^r \mathscr{O}_{U^I} \twoheadrightarrow \oplus^d \mathscr{O}_{U^I}$ を行列 X^I が定める全射とする. $\theta_{I,J}$ と可換なので u^I たちは接着して $u\colon \oplus^r \mathscr{O}_{\mathrm{Grass}(r,d)} \twoheadrightarrow \mathscr{U}$ を得る. ここで $\mathscr{U}$ は $\oplus^d \mathscr{O}_{U^I}$ を接着データ

$$g_{I,J} = (X_J^I)^{-1} \in \mathrm{GL}_d(U_J^I)$$

で貼り合わせたものであり u^I と可換である.

さて Grassmann 関手 $(\mathrm{Sch}/\mathbb{Z})^{op} \to (\mathrm{Set})$ を

$$\mathfrak{Grass}(r,d)(-) = \mathrm{Hom}_{\mathrm{Sch}/\mathbb{Z}}(-, \mathrm{Grass}(r,d))$$

として定義する.

命題 1.3.3. $\mathfrak{Quot}^{d,\mathscr{O}_{\mathbb{Z}}}_{\oplus^r \mathscr{O}_{\mathbb{Z}}/\mathbb{Z}/\mathbb{Z}} = \mathfrak{Grass}(r,d)$ という自然な同一視ができる. したがって $\mathrm{Quot}^{d,\mathscr{O}_{\mathbb{Z}}}_{\oplus^r \mathscr{O}_{\mathbb{Z}}/\mathbb{Z}/\mathbb{Z}} = \mathrm{Grass}(r,d)$ と表現される.

証明. $T \to \operatorname{Spec}\mathbb{Z}$ に対して

$$\mathfrak{Quot}^{d,\mathscr{O}_{\mathbb{Z}}}_{\oplus^r \mathscr{O}_{\mathbb{Z}}/\mathbb{Z}/\mathbb{Z}}(T) = \{\langle \mathscr{F}, q\rangle \mid q\colon \oplus^r \mathscr{O}_T \twoheadrightarrow \mathscr{F} \text{ ここで } \mathscr{F} \text{ は階数 } d \text{ の局所自由層 }\}$$

であるから, 任意の $t \in T$ に対して t のアフィン開近傍 $W = \operatorname{Spec} A$ が存在して, q は W 上

$$q\colon A^{\oplus r} \to A^{\oplus d}$$

という A 線形写像なので, W 上で q は階数 d の $d \times r$ 行列

$$M = \begin{pmatrix} m_{1,1} & \cdots & m_{1,r} \\ \vdots & \ddots & \vdots \\ m_{d,1} & \cdots & m_{d,r} \end{pmatrix}$$

$m_{p,q} \in \Gamma(W, \mathscr{O}_T) = A$ で与えられる. 定義からある $N \in \mathrm{GL}_d(A)$ が存在して M に左から掛けることによって, 初めから $M_I = 1_d$ として良いから $x^I_{p,q} \mapsto m_{p,q}$ という対応により $W \to U^I$ が定まる. これらが接着し $T \to \mathrm{Grass}(r,d)$ が定まる. よって

$$\alpha(T)\colon \mathfrak{Quot}^{d,\mathscr{O}_{\mathbb{Z}}}_{\oplus^r \mathscr{O}_{\mathbb{Z}}/\mathbb{Z}/\mathbb{Z}}(T) \to \mathfrak{Grass}(r,d)(T)$$

が定義できた.

逆に $f\colon T \to \mathrm{Grass}(r,d)$ が与えられていれば, 普遍商 $u\colon \oplus^r \mathscr{O}_{\mathrm{Grass}(r,d)} \twoheadrightarrow \mathscr{U}$ を f で引き戻すことにより $\mathfrak{Quot}^{d,\mathscr{O}_{\mathbb{Z}}}_{\oplus^r \mathscr{O}_{\mathbb{Z}}/\mathbb{Z}/\mathbb{Z}}(T)$ の元を得る. こうして

$$\beta(T)\colon \mathfrak{Grass}(r,d)(T) \to \mathfrak{Quot}^{d,\mathscr{O}_{\mathbb{Z}}}_{\oplus^r \mathscr{O}_{\mathbb{Z}}/\mathbb{Z}/\mathbb{Z}}(T)$$

が得られた. α と β は互いに逆なので題意が証明された. □

命題 1.3.4. $\mathrm{Grass}(r,d)$ は $\mathbb{Z}$ 上射影的である.

証明. $\mathscr{U}$ は変換関数系 $g_{I,J} = (X^I_J)^{-1}$ で与えられるから, 誘導される直線束 $\det(\mathscr{U})$ の変換関数系は $\det(g_{I,J}) = 1/P^I_J \in \mathrm{GL}_1(U^I_J)$ となる. 各 I に対して大域切断

$$\sigma_I \in \Gamma(\mathrm{Grass}(r,d), \det(\mathscr{U}))$$

を $\sigma_I|_{U^J} = P^J_I \in \Gamma(U^J, \mathscr{O}_{U^J})$ で与える. σ_I たちで作る線形系を Δ とすると, これは基底点自由で $\operatorname{Spec}\mathbb{Z}$ に対して相対的に点を分離する. よって Δ は埋め込み

$$\Phi_\Delta\colon \mathrm{Grass}(r,d) \to \mathbb{P}^{\binom{r}{d}-1}$$

を与える. $\pi\colon \mathrm{Grass}(r,d) \to \operatorname{Spec}\mathbb{Z}$ は固有射であったので, Φ_Δ は閉埋め込みである. よって $\mathrm{Grass}(r,d)$ は $\operatorname{Spec}\mathbb{Z}$ 上射影的である. また $\det(\mathscr{U})$ は $\mathbb{Z}$ 上の $\mathrm{Grass}(r,d)$ の相対的に非常に豊富な直線束である. □

1.4 ベクトル束の相対的 Grassmann スキーム

A を任意の環とするとき, 上記の $\mathbb{Z}$ 上の Grassmann スキームの構成を A 上で定義できることは容易に判る. そのスキームを $\mathrm{Grass}(r,d)(A)$ と書く. $\mathfrak{Grass}(r,d)(\mathrm{Spec}\,A) = \mathfrak{Grass}(r,d)(A)$ と略記する. 自然な作用 $\mathrm{GL}_r(A) \curvearrowright \oplus^r A$ は $\mathrm{GL}_r(A) \curvearrowright \mathfrak{Grass}(r,d)(A)$ という作用を定める. さらに環の射 $A \to B$ に対して, 群準同型 $\mathrm{GL}_r(A) \to \mathrm{GL}_r(B)$ が定まるが, 作用は $\mathfrak{Grass}(A) \to \mathfrak{Grass}(B)$ と同値である. 要約すると群スキーム $\mathrm{GL}_{r,\mathbb{Z}}$ が $\mathrm{Grass}(r,d)$ に作用するということである.

このことを用いて S をスキームとして, E を S 上の階数 r の局所自由 $\mathscr{O}_S$ 加群とするとき, 関手 $\mathfrak{Quot}^{d,\mathscr{O}_S}_{E/S/S}$ が表現可能であることを示す. $T \to S$ を S 上のスキームとするとき,

$$\mathfrak{Quot}^{d,\mathscr{O}_S}_{E/S/S}(T) = \{\langle \mathscr{F}, q\rangle \mid q\colon E_T \twoheadrightarrow \mathscr{F} \text{ であって } \mathscr{F} \text{ は階数 } d \text{ の局所自由 } \mathscr{O}_T \text{ 加群である.}\}$$

である. 任意の $t \in T$ に対して十分小さい開アフィン近傍 $t \in W = \mathrm{Spec}\,A$ が存在して q は W 上 $A^{\oplus r} \to A^{\oplus d}$ という A 線形写像で表せる. これにより

$$\mathfrak{Quot}^{d,\mathscr{O}_S}_{E/S/S}(\mathrm{Spec}\,A) = \mathfrak{Grass}(r,d)(A)$$

となる.

$U = \mathrm{Spec}\,A$, $V = \mathrm{Spec}\,B$ を S の開アフィン部分スキームとして, E が $\mathbb{A}^r \times U$ と $\mathbb{A}^r \times V$ と 2 通りに自明化されていて $U \cap V \neq \emptyset$ のとき, E の変換関数系により $g\colon U \cap V \to \mathrm{GL}_r$ が定まるから $\mathrm{Grass}(r,d)(A)$ と $\mathrm{Grass}(r,d)(B)$ の接着が定まり S 上のスキーム $\mathrm{Grass}(E,d)$ が定まる.

$\mathfrak{Grass}(E,d) = \mathrm{Hom}_{\mathrm{Sch}/S}(-, \mathrm{Grass}(E,d))$ と定め Grassmann 関手と呼ぶ. 以上より次が得られた.

命題 1.4.1. 次の関手の同一視が存在する.

$$\mathfrak{Quot}^{d,\mathscr{O}_S}_{E/S/S}(-) = \mathfrak{Grass}(E,d)(-)\colon (\mathrm{Sch}/S)^{op} \to (\mathrm{Set}).$$

また $\mathrm{id} \in \mathrm{Hom}_{(\mathrm{Sch}/S)}(\mathrm{Grass}(E,d), \mathrm{Grass}(E,d))$ に対応する $\mathfrak{Quot}^{d,\mathscr{O}_S}_{E/S/S}(\mathrm{Grass}(E,d))$ の元を $\pi^*E \to \mathscr{U}$ と書き普遍商と呼ぶ. ここで $\pi\colon \mathrm{Grass}(E,d) \to S$ は構造射である.

π は固有であり

$$\mathrm{Grass}(E,d) \to \mathbb{P}(\pi_* \wedge^d \mathscr{U}) \subset \mathbb{P}(\wedge^d E)$$

は閉埋め込みである.

1.5 Castelnuovo–Mumford 正則性

Quot スキームを構成するためには, 二つの技術的な準備をしなければならない. 一つは Castelnuovo–Mumford 正則性で, もう一つ平坦化階層づけである. Castelnuovo–

Mumford 正則性は射影空間のコホモロジーを統制し $\alpha\colon \mathfrak{Quot}^{\Phi,L}_{E/X/S} \to \mathfrak{Grass}(F,d)$ という単射な関手の射を作ることに利用される．平坦化階層づけは α を表現することに利用される．このようにして $\mathrm{Quot}^{\Phi,L}_{E/X/S}$ が $\mathrm{Grass}(F,d)$ の局所閉部分スキームとして実現される．詳細は後に述べる．ここでは Castelnuovo–Mumford 正則性を扱っていこう．

k を体として k 上の射影空間を $\mathbb{P}^n$ と書く．$\mathscr{F}$ を $\mathbb{P}^n$ 上の連接層とする．

定義 1.5.1. m を整数とする．$\mathscr{F}$ が m-正則であるとは

$$H^i(\mathbb{P}^n, \mathscr{F}(m-i)) = 0$$

が任意の $i \geq 1$ が成り立つことと定義する．

$\mathbb{P}^n$ の超平面 H で $\mathscr{F}$ の associated point を含まないものを取る．ここで $\mathscr{F}$ が連接層より $\mathrm{Ass}(\mathscr{F})$ は有限集合なので k が無限体ならこのような H が取れる．次の短完全系列を考える．

$$0 \to \mathscr{F}(m-i-1) \xrightarrow{\alpha} \mathscr{F}(m-i) \to \mathscr{F}_H(m-i) \to 0$$

ここで α は H の定義方程式を掛ける射である．この短完全系列から次の長完全系列が導かれる．

$$\cdots \to H^i(\mathbb{P}^n, \mathscr{F}(m-i)) \to H^i(\mathbb{P}^n, \mathscr{F}_H(m-i)) \xrightarrow{\delta} H^{i+1}(\mathbb{P}^n, \mathscr{F}(m-i-1)) \to \cdots$$

これから $\mathscr{F}$ が m-正則ならば $\mathscr{F}_H$ も m-正則であることが判る．

次の補題は Castelnuovo と Mumford による．

補題 1.5.2. $\mathscr{F}$ を $\mathbb{P}^n$ 上の m-正則な連接層とする．この時, 次が成立する．

(a) $H^0(\mathbb{P}^n, \mathscr{O}_{\mathbb{P}^n}(1)) \otimes H^0(\mathbb{P}^n, \mathscr{F}(r)) \to H^0(\mathbb{P}^n, \mathscr{F}(r+1))$ は $r \geq m$ のとき全射である．

(b) $H^i(\mathbb{P}^n, \mathscr{F}(r)) = 0$ が $i \geq 1$, $r \geq m-i$ のとき成り立つ．言い換えれば $\mathscr{F}$ が m-正則ならば $m' \geq m$ に対して $\mathscr{F}$ は m'-正則である．

(c) $r \geq m$ のとき, $\mathscr{F}(r)$ は大域切断で生成され, $i \geq 1$ に対して $H^i(\mathbb{P}^n, \mathscr{F}(r)) = 0$ となる．

証明．コホモロジーは体の拡大と可換なので, k を無限体として問題ない．n に関する帰納法で証明する．(a), (b), (c) は $n = 0$ のときは成立する．$n \geq 1$ としよう．k は無限体なので $\mathrm{Ass}(\mathscr{F})$ を含まない $\mathbb{P}^n$ の超平面 H をとる．上で説明したように $\mathscr{F}_H$ も m-正則である．$H \cong \mathbb{P}^{n-1}_k$ なので帰納法の仮定により $\mathscr{F}_H$ に関して補題が成立する．$r = m-i$ のとき (b) の等式 $H^i(\mathbb{P}^n, \mathscr{F}(r)) = 0$ が m-正則性から任意の $n \geq 0$ で成立する．$r \geq m-i+1$ に対して (b) を証明するには r に関する帰納法を用いる．次の完全系列を考える．

$$H^i(\mathbb{P}^n, \mathscr{F}(r-1)) \to H^i(\mathbb{P}^n, \mathscr{F}(r)) \to H^i(H, \mathscr{F}_H(r))$$

$r-1$ のときの帰納法の仮定により $H^i(\mathbb{P}^n,\mathscr{F}(r-1))=0$. $n-1$ のときの帰納法の仮定により $H^i(H,\mathscr{F}_H(r))=0$ である. よって $H^i(\mathbb{P}^n,\mathscr{F}(r))=0$ となるので (b) の証明が完了する.

次に (a) を証明しよう. 次の可換図式を考える.

$$\begin{array}{ccccc} & & H^0(\mathbb{P}^n,\mathscr{F}(r))\otimes H^0(\mathbb{P}^n,\mathscr{O}_{\mathbb{P}^n}(1)) & \xrightarrow{\sigma} & H^0(H,\mathscr{F}_H(r))\otimes H^0(H,\mathscr{O}_H(1)) \\ & & \downarrow{\scriptstyle\mu} & & \downarrow{\scriptstyle\tau} \\ H^0(\mathbb{P}^n,\mathscr{F}(r)) & \xrightarrow{\alpha} & H^0(\mathbb{P}^n,\mathscr{F}(r+1)) & \xrightarrow{\nu_{r+1}} & H^0(H,\mathscr{F}_H(r+1)) \end{array}$$

σ は次の理由で全射となる. $\mathscr{F}$ の m-正則性と (b) により $r\geq m$ に対して

$$H^0(\mathbb{P}^n,\mathscr{F}(r-1))=0$$

なので, 制限写像

$$\nu_r\colon H^0(\mathbb{P}^n,\mathscr{F}(r))\to H^0(H,\mathscr{F}_H(r))$$

は全射. さらに制限写像

$$\rho\colon H^0(\mathbb{P}^n,\mathscr{O}_{\mathbb{P}^n}(1))\to H^0(H,\mathscr{O}_H(1))$$

は全射. よってテンソル積 $\sigma=\nu_r\otimes\rho$ は全射となる. τ は $n-1=\dim(H)$ のときの帰納法の仮定により全射. $\tau\circ\sigma$ は全射なので $\nu_{r+1}\circ\mu$ も全射. 従って

$$H^0(\mathbb{P}^n,\mathscr{F}(r+1))=\mathrm{im}(\mu)+\ker(\nu_{r+1})$$

下の列は完全なので

$$H^0(\mathbb{P}^n,\mathscr{F}(r+1))=\mathrm{im}(\mu)+\mathrm{im}(\alpha)$$

となり $\mathrm{im}(\alpha)\subset\mathrm{im}(\mu)$ なので $H^0(\mathbb{P}^n,\mathscr{F}(r+1))=\mathrm{im}(\mu)$ となる. よって μ は全射なので (a) が全ての n に対して得られた.

(c) を証明しよう. $H^0(\mathbb{P}^n,\mathscr{F}(r))\otimes H^0(\mathbb{P}^n,\mathscr{O}_{\mathbb{P}^n}(p))\to H^0(\mathbb{P}^n,\mathscr{F}(r+p))$ は $r\geq m$, $p\geq 0$ に対して (a) を繰り返し用いれば, 全射であることが判る. 十分大きい p に対して $H^0(\mathbb{P}^n,\mathscr{F}(r+p))$ は大域切断で生成されるから, $H^0(\mathbb{P}^n,\mathscr{F}(r))$ は $r\geq m$ に対して大域切断で生成される. また (b) により $i\geq 1, r\geq m$ に対して $H^i(\mathbb{P}^n,\mathscr{F}(r))=0$ が成立する. よって (c) が成り立つことが判った. □

次の注意はその次の定理で役にたつ.

注意 1.5.3. 上の補題と同じ記号を用いる. 制限写像 $\nu_r\colon H^0(\mathbb{P}^n,\mathscr{F}(r))\to H^0(H,\mathscr{F}_H(r))$ を全射と仮定しよう. さらに $\mathscr{F}_H$ を r-正則と仮定する. 上の補題の (a) により $H^0(H,\mathscr{O}_H(1))\otimes H^0(H,\mathscr{F}_H(r))\to H^0(H,\mathscr{F}_H(r+1))$ は全射. すると制限写像 $\nu_{r+1}\colon H^0(\mathbb{P}^n,\mathscr{F}(r+1))\to H^0(H,\mathscr{F}_H(r+1))$ は再び全射となる.

このことを用いると，$\mathscr{F}_H$ が m-正則で，ある $r \geq m$ に対して制限写像 $\nu_r\colon H^0(\mathbb{P}^n, \mathscr{F}(r)) \to H^0(H, \mathscr{F}_H(r))$ が全射ならば，任意の $p \geq r$ に対して制限写像 $\nu_p\colon H^0(\mathbb{P}^n, \mathscr{F}(p)) \to H^0(H, \mathscr{F}_H(p))$ は全射となる．

次の定理は Mumford による．

定理 1.5.4. 任意の整数 $p \geq 0$, $n \geq 0$ に対して $n+1$ 変数の整数係数の多項式 $F_{p,n} \in \mathbb{Z}[x_0, x_1, \ldots, x_n]$ で次の性質を持つものが存在する: 任意の体 k と $\mathbb{P}^n = \mathbb{P}^n_k$ 上の任意の連接層 $\mathscr{F}$ で $\oplus^p \mathscr{O}_{\mathbb{P}^n}$ の部分層に同型なものに対して，$\mathscr{F}$ の Hilbert 多項式を

$$\chi(\mathscr{F}(r)) = \sum_{i=0}^{n} a_i \binom{r}{i}$$

$a_0, a_1, \ldots, a_n \in \mathbb{Z}$ と書くとき，$\mathscr{F}$ は m-正則，ここで $m = F_{p,n}(a_0, a_1, \ldots, a_n)$ となる．

証明. 以前と同様に k は無限体としてよい．n に関する帰納法で証明する．$n=0$ のとき $F_{p,0}$ は任意の多項式としてとれる．次に $n \geq 1$ とする．$\mathbb{P}^n$ の超平面 H を $\mathrm{Ass}(\oplus^p \mathscr{O}_{\mathbb{P}^n}/\mathscr{F})$ を含まないようにとる．すると

$$\mathrm{Tor}_1^{\mathscr{O}_{\mathbb{P}^n}}(\mathscr{O}_H, \oplus^p \mathscr{O}_{\mathbb{P}^n}/\mathscr{F}) = 0$$

となるので，$0 \to \mathscr{F} \to \oplus^p \mathscr{O}_{\mathbb{P}^n} \to \oplus^p \mathscr{O}_{\mathbb{P}^n}/\mathscr{F} \to 0$ を H に制限することによって，$0 \to \mathscr{F}_H \to \oplus^p \mathscr{O}_H \to \oplus^p \mathscr{O}_H/\mathscr{F}_H \to 0$ を得る．このことにより $\mathscr{F}_H$ は $\oplus^p \mathscr{O}_{\mathbb{P}^{n-1}}$ の部分層となるので帰納法が機能する．$\mathscr{F}$ は 0 でなければ捩れが無いので，次の短完全系列

$$0 \to \mathscr{F}(-1) \to \mathscr{F} \to \mathscr{F}_H \to 0$$

がある．対応するコホモロジーの長完全系列から $\chi(\mathscr{F}_H(r)) = \chi(\mathscr{F}(r)) - \chi(\mathscr{F}(r-1))$ は次のようになる．

$$\sum_{i=0}^{n} a_i \binom{r}{i} - \sum_{i=0}^{n} a_i \binom{r-1}{i} = \sum_{i=0}^{n} a_i \binom{r-1}{i-1} = \sum_{j=0}^{n-1} b_j \binom{r}{j}$$

$b_0, \ldots, b_{n-1}$ は $b_j = g_j(a_0, \ldots, a_n)$ とかける．ここで $g_j(x_0, \ldots, x_n)$ は k と $\mathscr{F}$ に依らない整数係数の多項式である．$n-1$ のときの帰納法の仮定により整数係数の多項式 $F_{p,n-1}(x_0, \ldots, x_{n-1})$ が存在して $\mathscr{F}_H$ は m_0-正則となる．ここで $m_0 = F_{p,n-1}(b_0, \ldots, b_{n-1})$ である．$b_j = g_j(a_0, \ldots, a_n)$ を代入して $m_0 = G(a_0, \ldots, a_n)$ となる．ここで $G(x_0, \ldots, x_n)$ は k, $\mathscr{F}$ に依らない整数係数の多項式である．

$m \geq m_0 - 1$ に対して次の長完全系列を得る．

$$0 \to H^0(\mathscr{F}(m-1)) \to H^0(\mathscr{F}(m)) \xrightarrow{\nu_m} H^0(\mathscr{F}_H(m)) \to H^1(\mathscr{F}(m-1)) \to H^1(\mathscr{F}(m)) \to 0 \to \cdots$$

これにより $i \geq 2$ に対して $H^i(\mathscr{F}(m-1)) \simeq H^i(\mathscr{F}(m))$ を得る．十分大きい m に対して $H^i(\mathscr{F}(m)) = 0$ が成り立つから，$i \geq 2$, $m \geq m_0 - 2$ に対して $H^i(\mathscr{F}(m)) = 0$ とな

る．全射 $H^1(\mathscr{F}(m-1)) \to H^1(\mathscr{F}(m))$ は $h^1(\mathscr{F}(m))$ が $m \geq m_0 - 2$ に関する単調減少であることを示している．

今後の証明の流れを簡単に述べよう．このあと $m \geq m_0$ なら $h^1(\mathscr{F}(m))$ は 0 に至るまでは狭義単調減少であることを示す．これが示されれば

$$m \geq m_0 + h^1(\mathscr{F}(m_0)) \text{ に対して } H^1(\mathscr{F}(m)) = 0$$

が言えることになる．そのあと我々は $h^1(\mathscr{F}(m_0))$ の適切な上界を設定することにより証明を完結する．

それでは証明を再開しよう．$h^1(\mathscr{F}(m-1)) \geq h^1(\mathscr{F}(m))$ が $m \geq m_0$ に対して成り立ち，$m \geq m_0$ に対して等号成立は制限写像 $\nu_m\colon H^0(\mathscr{F}(m)) \to H^0(\mathscr{F}_H(m))$ が全射であることと同値．$\mathscr{F}_H$ は m-正則なら上記の注意により，$\nu_j\colon H^0(\mathscr{F}(j)) \to H^0(\mathscr{F}_H(j))$ は任意の $j \geq m$ で全射であり，従って $h^1(\mathscr{F}(j-1)) = h^1(\mathscr{F}(j))$ が任意の $j \geq m$ で成り立つ．つまり一度等号が成立すればずっとそのあと等号が成立する．十分大きな j に対して $h^1(\mathscr{F}(j)) = 0$ であるから，$h^1(\mathscr{F}(m))$ は 0 に到達するまで $m \geq m_0$ に対して狭義単調減少をしていく．

$h^1(\mathscr{F}(m_0))$ の上限を設定しよう．$\mathscr{F} \subset \oplus^p \mathscr{O}_{\mathbb{P}^n}$ であるから

$$h^0(\mathscr{F}(r)) \leq p\, h^0(\mathscr{O}_{\mathbb{P}^n}(r)) = p\binom{n+r}{n}$$

すでに $h^i(\mathscr{F}(m)) = 0$ が任意の $i \geq 2$, $m \geq m_0 - 2$ で成り立つことを示しているから

$$h^1(\mathscr{F}(m_0)) = h^0(\mathscr{F}(m_0)) - \chi(\mathscr{F}(m_0)) \leq p\binom{n+m_0}{n} - \sum_{i=0}^{n} a_i \binom{m_0}{i} = P(a_0, \ldots, a_n)$$

を得る．ここで $P(x_0, \ldots, x_n)$ は整数係数の多項式であり k と $\mathscr{F}$ に依らない．さらに $h^1(\mathscr{F}(m_0) \geq 0$ より $P(a_0, \ldots, a_n) \geq 0$ である．

以前に得られた式に代入して $H^1(\mathscr{F}(m)) = 0$ が $m \geq G(a_0, \ldots, a_n) + P(a_0, \ldots, a_n)$ に対して成り立つ．$F_{p,n}(x_0, \ldots, x_n) = G(x_0, \ldots, x_n) + P(x_0, \ldots, x_n)$ とおけば $\mathscr{F}$ は $F_{p,n}(a_0, \ldots, a_n)$-正則となる． □

1.6 平坦化階層づけ

この節では，もう一つの技術的準備である平坦化階層づけについて述べる．まず補題を二つ準備する．一つ目は，平坦性の仮定なしに成り立つ基底変換の公式を述べる．

補題 1.6.1. $\phi\colon T \to S$ を Noether 的スキームの間の射とする．$\mathscr{F}$ を $\mathbb{P}^n_S$ 上の連接層として，$\mathscr{F}_T$ を射 $\mathbb{P}^n_T \to \mathbb{P}^n_S$ による $\mathscr{F}$ の引き戻しとする．$\pi_S\colon \mathbb{P}^n_S \to S$ と $\pi_T\colon \mathbb{P}^n_T \to T$ を射影とする．このとき整数 r_0 が存在して，任意の $r \geq r_0$ に対して基底変換の射

$$\phi^* \pi_{S*} \mathscr{F}(r) \to \pi_{T*} \mathscr{F}(r)$$

は同型となる.

証明. S を有限個のアフィンスキーム U_i で被覆して, 各 $\phi^{-1}(U_i)$ を有限個のアフィンスキームで被覆すれば (Noether 性からこれは可能である), S と T がアフィンスキームの場合に示せばよいことが判る. そこで S, T をアフィンスキームと仮定する.

任意の整数 i に対して, 基底変換の射

$$\phi^*\pi_{S*}\mathscr{O}_{\mathbb{P}^n_S}(i) \to \pi_{T*}\mathscr{O}_{\mathbb{P}^n_T}(i)$$

は同型である. 更に a, b を任意の整数として $f\colon \mathscr{O}_{\mathbb{P}^n_S}(a) \to \mathscr{O}_{\mathbb{P}^n_S}(b)$ を任意の射として, $f_T\colon \mathscr{O}_{\mathbb{P}^n_T}(a) \to \mathscr{O}_{\mathbb{P}^n_T}(b)$ を f の $\mathbb{P}^n_T$ への引き戻しとするとき, 任意の i に対して次の可換図式を得て, 縦の射は基底変換の同型である.

$$\begin{array}{ccc}
\phi^*\pi_{S*}\mathscr{O}_{\mathbb{P}^n_S}(a+i) & \xrightarrow{\phi^*\pi_{S*}f(i)} & \phi^*\pi_{S*}\mathscr{O}_{\mathbb{P}^n_S}(b+i) \\
\downarrow & & \downarrow \\
\pi_{T*}\mathscr{O}_{\mathbb{P}^n_T}(a+i) & \xrightarrow{\pi_{T*}f_T(i)} & \pi_{T*}\mathscr{O}_{\mathbb{P}^n_T}(b+i)
\end{array}$$

S は Noether 的でアフィンなので完全系列

$$\oplus^p\mathscr{O}_{\mathbb{P}^n_S}(a) \xrightarrow{u} \oplus^q\mathscr{O}_{\mathbb{P}^n_S}(b) \xrightarrow{v} \mathscr{F} \to 0$$

がある整数 $a, b, p, q \geq 0$ について存在する. $\mathbb{P}^n_T$ 上へ引き戻すと完全系列

$$\oplus^p\mathscr{O}_{\mathbb{P}^n_T}(a) \xrightarrow{u_T} \oplus^q\mathscr{O}_{\mathbb{P}^n_T}(b) \xrightarrow{v_T} \mathscr{F}_T \to 0$$

を得る. $\mathscr{G} = \ker(v)$, $\mathscr{H} = \ker(v_T)$ とする. 任意の整数 r に対して完全系列

$$\pi_{S*}\oplus^p\mathscr{O}_{\mathbb{P}^n_S}(a+r) \to \pi_{S*}\oplus^q\mathscr{O}_{\mathbb{P}^n_S}(b+r) \to \pi_{S*}\mathscr{F}(r) \to R^1\pi_{S*}\mathscr{G}(r)$$

$$\pi_{T*}\oplus^p\mathscr{O}_{\mathbb{P}^n_T}(a+r) \to \pi_{T*}\oplus^q\mathscr{O}_{\mathbb{P}^n_T}(b+r) \to \pi_{T*}\mathscr{F}(r) \to R^1\pi_{T*}\mathscr{H}(r)$$

を得る. ある整数 r_0 が存在して, 任意の $r \geq r_0$ に対して $R^1\pi_{S*}\mathscr{G}(r) = 0$ かつ $R^1\pi_{T*}\mathscr{H}(r) = 0$ となる. 従って任意の $r \geq r_0$ に対して完全系列

$$\pi_{S*}\oplus^p\mathscr{O}_{\mathbb{P}^n_S}(a+r) \xrightarrow{\pi_{S*}u(r)} \pi_{S*}\oplus^q\mathscr{O}_{\mathbb{P}^n_S}(b+r) \xrightarrow{\pi_{S*}v(r)} \pi_{S*}\mathscr{F}(r) \to 0$$

$$\pi_{T*}\oplus^p\mathscr{O}_{\mathbb{P}^n_T}(a+r) \xrightarrow{\pi_{T*}u_T(r)} \pi_{T*}\oplus^q\mathscr{O}_{\mathbb{P}^n_T}(b+r) \xrightarrow{\pi_{T*}v_T(r)} \pi_{T*}\mathscr{F}_T(r) \to 0$$

を得る. この二つの完全系列を $\phi\colon T \to S$ によって引き戻すことによって, 次の二つの行が完全である可換図式を得る:

$$
\begin{array}{ccccc}
\phi^*\pi_{S*}\oplus^p \mathscr{O}_{\mathbb{P}^n_S}(a+r) & \xrightarrow{\phi^*\pi_{S*}u(r)} & \phi^*\pi_{S*}\oplus^q \mathscr{O}_{\mathbb{P}^n_S}(b+r) & \xrightarrow{\phi^*\pi_{S*}v(r)} & \phi^*\pi_{S*}\mathscr{F}(r)\to 0 \\
\downarrow & & \downarrow & & \downarrow \\
\pi_{T*}\oplus^p \mathscr{O}_{\mathbb{P}^n_T}(a+r) & \xrightarrow{\pi_{T*}u_T(r)} & \pi_{T*}\oplus^q \mathscr{O}_{\mathbb{P}^n_T}(b+r) & \xrightarrow{\pi_{T*}v_T(r)} & \pi_{T*}\mathscr{F}_T(r)\to 0.
\end{array}
$$

ここで第一の行が完全であるのはテンソル積の右完全性である. 縦の射は基底変換である. 最初の二つの射は任意の r で同型である. よって 5 項補題により第 3 の縦の射は $r \geq r_0$ に対して同型である. □

次の系は Mumford による.

系 1.6.2. M を次数付き $\mathscr{O}_S$ 加群 $\oplus_{m\in\mathbb{Z}}\pi_{S*}\mathscr{F}(m)$ とする. つまり $\mathscr{F}=\tilde{M}$ となる. ϕ^*M を M の引き戻しとする. このとき $\mathscr{F}_T=(\widetilde{\phi^*M})$ となる. 一方, $N=\oplus_{m\in\mathbb{Z}}\pi_{T*}\mathscr{F}_T(m)$ とおけば, $\mathscr{F}_T=\tilde{N}$ である. それ故 $\mathscr{O}_T[x_0,\dots,x_n]$ 加群の圏で, ϕ^*M と N の間に次のような同値関係を得る: 自然な射 $(\phi^*M)_m\to N_m$ は $m\gg 0$ で全て同型になる.

次が二つ目の補題である.

補題 1.6.3. S を Noether 的スキームとして, $\mathscr{F}$ を $\mathbb{P}^n_S$ 上の連接層とする. 次のような整数 N が存在すると仮定する: 任意の $r\geq N$ なる整数に対して $\pi_*\mathscr{F}(r)$ が局所自由である. このとき, $\mathscr{F}$ は S 上に平坦である.

証明. $\mathscr{O}_S$ 上の次数付き加群 $M=\oplus_{r\geq N}M_r$ を考える. ここで $M_r=\pi_*\mathscr{F}(r)$ としている. $\mathscr{F}$ は $\mathbb{P}^n_S=\mathbf{Proj}\,\mathscr{O}_S[x_0,\dots,x_n]$ 上 $\tilde{M}$ に同型である. 各 M_r は $\mathscr{O}_S$ 上平坦であるので, M も $\mathscr{O}_S$ 上平坦である. それ故, 任意の x_i に対して M_{x_i} は $\mathscr{O}_S$ 上平坦である. M_{x_i} 上には $v_p\in M_p$ のとき $\deg(v_p/x_i^q)=p-q$ とする次数付けが矛盾なく定義できる. よって M_{x_i} の次数 0 の成分 $(M_{x_i})_0$ は再び $\mathscr{O}_S$ 上平坦となる. しかし $\tilde{M}$ の定義から, $(M_{x_i})_0=\Gamma(U_i,\mathscr{F})$ である. ここで $U_i=\mathbf{Spec}\,\mathscr{O}_S[x_0/x_i,\dots,x_n/x_i]\subset\mathbb{P}^n_S$ である. U_i たちは $\mathbb{P}^n_S$ の開被覆を成すから $\mathscr{F}$ は $\mathscr{O}_S$ 平坦である. □

次の定理は generic flatness としてよく知られているので, 主張のみ書く.

定理 1.6.4. S を Noether 的な整スキームとする. $p\colon X\to S$ を有限型射とし, $\mathscr{F}$ を連接 $\mathscr{O}_X$-加群とする. このとき S の空でない開部分スキーム $U\subset S$ が存在して $\mathscr{F}\,|_{p^{-1}(U)}$ は $\mathscr{O}_U$ 上平坦になる.

次に半連続定理の主張を述べる. 証明に関しては [21] Chapter III, Section12 を参照せよ

定理 1.6.5. $\pi\colon X\to S$ を Noether 的スキーム間の固有射として $\mathscr{F}$ を $\mathscr{O}_S$ 上平坦な連接 $\mathscr{O}_X$ 層とする. このとき次が成り立つ:

(1) 任意の整数 i に対して, 関数 $s \mapsto \dim_{\kappa(s)} H^i(X_s, \mathscr{F}_s)$ は S 上に上半連続である.
(2) 関数 $s \mapsto \Sigma_i(-1)^i \dim_{\kappa(s)} H^i(X_s, \mathscr{F}_s)$ は S 上に局所定数である.
(3) ある整数 i に対して, 全ての $s \in S$ に対して $\dim_{\kappa(s)} H^i(X_s, \mathscr{F}_s) = d$ となるような整数 d が存在すると仮定する. このとき,$R^i\pi_*\mathscr{F}$ は階数 d の局所自由層であり, $(R^{i-1}\pi_*\mathscr{F})_s \to H^{i-1}(X_s, \mathscr{F}_s)$ は全ての $s \in S$ に対して同型である.
(4) ある整数 i と, ある点 $s \in S$ に対して, 写像 $(R^i\pi_*\mathscr{F}) \to H^i(X_s, \mathscr{F}_s)$ が全射ならば, s を含む開部分スキーム $U \subset S$ で, 任意の準連接 $\mathscr{O}_U$ 加群 $\mathscr{G}$ に対して

$$(R^i\pi_{U*}\mathscr{F}_{X_U}) \otimes_{\mathscr{O}_U} \mathscr{G} \to R^i\pi_{U*}(\mathscr{F}_{X_U} \otimes_{\mathscr{O}_{X_U}} \pi_{U*}\mathscr{G})$$

が同型となるものが存在する. ここで $X_U = \pi^{-1}(U)$ で $\pi_U \colon X_U \to U$ は π から誘導されたものである.
特に任意の $s' \in U$ に対して, $(R^i\pi_*\mathscr{F})_{s'} \to H^i(X_{s'}, \mathscr{F}_{s'})$ は同型である.
(5) ある整数 i と, ある点 $s \in S$ に対して, 写像 $(R^i\pi_*\mathscr{F})_s \to H^i(X_s, \mathscr{F}_s)$ が全射ならば, 次の条件 (a) と (b) は同値である:
 (a) 写像 $(R^{i-1}\pi_*\mathscr{F})_s \to H^{i-1}(X_s, \mathscr{F}_s)$ は全射である.
 (b) 層 $R^i\pi_*\mathscr{F}$ は $S \in S$ の近傍で局所自由である.

次が平坦化階層づけ (flattening stratification) の存在を主張する定理である. まず記号を準備する. S をスキームとして $s \in S$ に対して $\mathbb{P}^n_s$ を $\mathbb{P}^n_S \to S$ の s 上のファイバーとする. $\mathscr{F}_s$ を $\mathscr{F}$ の $\mathbb{P}^n_s$ への制限とする.

定理 1.6.6. S を Noether 的スキームとして $\mathscr{F}$ を $\mathbb{P}^n_S$ 上の連接層とする. このとき

$$I = \{f \in \mathbb{Q}[\lambda] \mid f \text{ は } \mathscr{F}_s \text{ の Hilbert 多項式}, s \in S\}$$

は有限集合である. さらに各 $f \in I$ に対して S の局所閉部分スキーム S_f が存在して次の条件 (1), (2), (3) を満たす.

(1) 点集合 S_f の底集合 $\mid S_f \mid$ は $\mid S_f \mid = \{s \in S \mid \mathscr{F}_s \text{ の Hilbert 多項式は } f\}$ となる. 従って $\mid S_f \mid \cap \mid S_g \mid = \emptyset$ $(f \neq g)$ であり, $\coprod_{f \in I} \mid S_f \mid = \mid S \mid$ となる.
(2) 普遍性 $S' = \coprod_{f \in I} S_f$ とおく. $i \colon S' \to S$ を包含 $S_f \hookrightarrow S$ から誘導される射とする. このとき $\mathbb{P}^n_{S'}$ 上の層 $i^*(\mathscr{F})$ は S' 上平坦. $i \colon S' \to S$ は次の普遍性をもつ: 任意の射 $\varphi \colon T \to S$ に対して $\mathbb{P}^n_T$ 上の層 $\varphi^*(\mathscr{F})$ が T 上に平坦であることと, φ が $i \colon S' \to S$ を経由することは同値である. 従って S_f は $f \in I$ により一意的に定まる.
(3) 閉包 $f, g \in I$ が $f < g$ であるとは $f(n) < g(n)$ が $n \gg 0$ のとき成り立つとして I に順序を入れる. すると $\overline{\mid S_f \mid} \subset \coprod_{f \leq g} \mid S_g \mid$ となる.

証明. S を開部分スキームで被覆して, その各々の開部分スキームに対して定理を証明すればよい. 何故なら得られた階層は普遍性により貼り合うからである.

特別な場合: $n = 0$ のとき. 即ち $\mathbb{P}^n_S = S$ の場合. 任意の $s \in S$ に対して $\mathscr{F}|_s$ を $\mathscr{F}$ の $\operatorname{Spec} \kappa(s)$ への引き戻しとする. ここで $\kappa(s)$ は S の s での剰余体である. $\mathscr{F}|_s$ の Hilbert

多項式は次数 0 の多項式 $e \in \mathbb{Q}[\lambda]$ である．ここで $e = \dim_{\kappa(s)} \mathscr{F}|_s$ である．中山の補題から $\mathscr{F}|_s$ の基底は s のある開近傍 U に拡張され $\mathscr{F}|_U$ の生成元を与える．同じ議論を繰り返すことにより s のより小さい開近傍 V が存在して，完全系列

$$\mathscr{O}_V^{\oplus m} \xrightarrow{\psi} \mathscr{O}_V^{\oplus e} \xrightarrow{\phi} \mathscr{F} \to 0$$

を得る．$\mathscr{O}_V$ のイデアル層 I_e を $\mathscr{O}_V^{\oplus m} \xrightarrow{\psi} \mathscr{O}_V^{\oplus e}$ の作る $e \times m$ 行列の成分 $(\psi_{i,j})$ から生成されるイデアル層とする．V の閉部分スキーム V_e を I_e が定めるものとする．任意のスキームの射 $f\colon T \to V$ に対して引き戻しの系列

$$\mathscr{O}_T^{\oplus m} \xrightarrow{f^*\psi} \mathscr{O}_T^{\oplus e} \xrightarrow{f^*\phi} f^*\mathscr{F} \to 0$$

はテンソル積の右完全性から完全系列となる．従って $f^*\mathscr{F}$ が階数 e の局所自由 $\mathscr{O}_T$ 加群であることは，$f^*\psi = 0$ であることと同値であり，これは f が V_e を経由することと同値である．($\psi_{i,j}$ が全て消えるところを経由するということである．) これで定理の (1),(2) が示された．$(\psi_{i,j})$ の階数は下半連続であるから，関数 e は上半連続となり (3) が示された．これで $n = 0$ の場合の証明が完結する．

一般の場合: n を任意とする．S は Noether 的なので，有限個の既約成分の合併である．各既約成分は S の中で閉である．Y を S の一つの既約成分として

$$U = \{y \in Y \mid S \text{ の } Y \text{ でないどの既約成分も } y \text{ を通らない}\}$$

とおくと U は Y の開部分スキームである．U に被約スキームの構造を入れる．U は整スキームとなり，S の局所閉スキームとなる．generic flatness から U の空でない開部分スキーム V があって $\mathscr{F}|_{\mathbb{P}^n_V}$ は $\mathscr{O}_V$ 上平坦となる．

$S - V$ に被約スキームの構造を与えてこの議論を繰り返せば Noether 的帰納法により S の有限個の被約で局所閉で互いに交わらない部分スキーム V_i が存在して $\mid S \mid = \coprod_i \mid V_i \mid$ かつ $\mathscr{F}|_{V_i}$ は $\mathscr{O}_{V_i}$ 上平坦となる．

各 V_i は Noether 的スキームなので Hilbert 多項式は層の平坦族に関して局所定数なので $P_s(m) = \chi(\mathbb{P}^n_s, \mathscr{F}_s(m))$ は $s \in V_i$ を動くとき有限個の多項式しか惹き起こさない．このことから次の (A),(B),(C) が結論できる:

(A) s が S を動くとき Hilbert 多項式 $P_s(m) = \chi(\mathbb{P}^n_s, \mathscr{F}_s(m))$ は有限個しか起こらない．

半連続性定理を V_i 上パラメータ付けられた平坦族 $\mathscr{F}_{V_i} = \mathscr{F}|_{\mathbb{P}^n_{V_i}}$ に適用することにより次を得る:

(B) ある整数 N_1 が存在して任意の $r \geq 1$, $m \geq N_1$ に対して $R^r\pi_*\mathscr{F}(m) = 0$. さらに $H^r(\mathbb{P}^n_s, \mathscr{F}_s(m)) = 0$ が任意の $s \in S$ に対して成立する．

(B) により全てのファイバーの高次コホモロジー（特に 1 次コホモロジー）は消滅するので V_i 上の平坦族 $\mathscr{F}_{V_i}$ に対する半連続性定理により基底変換の射

$$(\pi_{i*}\mathscr{F}_{V_i}(m))|_s \to H^0(\mathbb{P}^n_s, \mathscr{F}_s(m))$$

は $m \geq r_i$ に関して同型である. N を r_i たちの最大値とするとき, 上記の二つの基底変換の射を合成することにより次を得る:

(C) 整数 $N \geq N_1$ が存在して基底変換の射

$$(\pi_* \mathscr{F}(m))|_s \to H^0(\mathbb{P}^n_s, \mathscr{F}_s(m))$$

は任意の $m \geq N$ と $s \in S$ に対して同型である.

$\pi\colon \mathbb{P}^n_S \to S$ を射影とする. $E_i = \pi_* \mathscr{F}(N+i)$, $(i = 0, \ldots, n)$ で定まる S 上の連接層を考える. $\mathbb{P}^0_S = S$ 上の層 E_0 に対して特別な場合を適用して S の e_0 で添字付けられた階層 (W_{e_0}) を得て, 任意の射 $f\colon T \to S$ に対して引き戻し $f^* E_0$ が階数 e_0 の局所自由 $\mathscr{O}_T$-加群であることと, f が $W_{e_0} \hookrightarrow S$ を経由することは同値となる. 次に各階層 W_{e_0} に対して $E_1|_{W_{e_0}}$ の平坦化階層づけ (W_{e_0, e_1}) を取る. このようにして $n+1$ ステップで局所閉部分スキーム

$$W_{e_0, \ldots, e_n} \subset S$$

で, 任意の $f\colon T \to S$ に対して引き戻し $f^* E_i, (i = 0, \ldots, n)$ がそれぞれ階数 e_i の局所自由 $\mathscr{O}_T$-加群であることと, f が $W_{e_0, \ldots, e_n} \hookrightarrow S$ を経由することは同値になるように取ることができる.

任意の整数 N と $n (n \geq 0)$ に対して, 次数 $\leq n$ の数値的多項式の集合 A から $\mathbb{Z}^{n+1}$ への全単射 $f \in \mathbb{Q}[\lambda] \to (e_0, \ldots, e_n), e_i = f(N+i)$ が存在する. 従って各組 $(e_0, \ldots, e_n) \in \mathbb{Z}^{n+1}$ に対して, ある次数 $\leq n$ の数値的多項式 $f \in \mathbb{Q}[\lambda]$ で置き換えることができ, $W_{e_0, \ldots, e_n} \subset S$ を $W_f \subset S$ で書き換えることができる.

任意の $s \in S$ に対して **(B)** より任意の $r \geq 1$ と $m \geq N$ に対して $H^r(\mathbb{P}^n_s, \mathscr{F}_s(m)) = 0$ となる. 多項式 $P_s(m) = \chi(\mathbb{P}^n_s, \mathscr{F}_s(m))$ は次数 $\geq n$ なので $n+1$ 個の値 $P_s(N), \ldots, P_s(N+n)$ で決定される. このことにより任意の $s \in W_f$ に対して Hilbert 多項式 $P_s(m)$ は f に等しいことが判る. 定理で主張されている S_f は次のように取れる. 底空間は $| S_f | = | W_f |$. S_f のスキーム構造は, 一般には W_f と異なり次のように定まる: 任意の $i \geq 0$ と $s \in S$ に対して基底変換の射

$$(\pi_* \mathscr{F}(N+i))|_s \to H^0(\mathbb{P}^n_s, \mathscr{F}_s(N+i))$$

は **(C)** により同型である. 従って $\pi_* \mathscr{F}(N+i)$ は部分スキーム W_f 上の定数階数 $f(N+i)$ のファイバーを持つ. しかしこれは $\pi_* \mathscr{F}(N+i)$ が階数 $f(N+i)$ の局所定数層に制限されることを意味しない. しかしこれは W_f は閉部分スキーム $W_f^{(i)}$ であって $| W_f^{(i)} | = | W_f |$ であり, $\pi_* \mathscr{F}(N+i)$ を $W_f^{(i)}$ に制限したとき階数 $f(N+i)$ の局所自由層になり, さらに任意の射 $T \to S$ に対して $\pi_* \mathscr{F}(N+i)$ を引き戻すと階数 $f(N+i)$ の局所自由層となることと $W_f^{(i)}$ を経由することは同値となるものが存在する.

$W_f^{(i)}$ のスキーム構造は連接イデアル層 $I_i \subset \mathscr{O}_{W_f}$ で定まる. $I \subset \mathscr{O}_{W_f}$ を $i \geq 0$ に関する I_i の和とする. Noether 条件から

$$I_0 \subset I_0 + I_1 \subset I_0 + I_1 + I_2 \subset \cdots$$

は有限ステップで止まるので I も連接イデアル層である．$S_f \subset W_f$ をイデアル層 I で定まる閉部分スキームとする．$|S_f|=|W_f|$ であり，$i \geq 0$ に対して $\pi_*\mathscr{F}(N+i)$ は S_f に制限したとき階数 $f(N+i)$ の局所自由層である．定義から S_f は定理の性質 (1) を満たす．$\coprod_f S_f \to S$ は定理の (2) を満たす．補題 1.6.1 より $N' \geq N$ が存在して任意の $i \geq N'$ に対して基底変換

$$(\pi_*\mathscr{F}(i))|_{S_f} \to (\pi_{S_f})_*\mathscr{F}_{S_f}(i)$$

は各 S_f に関して同型となる．$\pi_*\mathscr{F}(i)$ が $i \geq N'$ に関して S_f 上局所自由なので補題 1.6.3 により $\mathscr{F}_{S_f}$ は S_f 上平坦となる．逆に射 $\phi\colon T \to S$ に対して $\mathscr{F}_T$ が平坦なら Hilbert 多項式は T 上局所定数となる．T_f を Hilbert 多項式が f となる T の開かつ閉部分スキームとする．写像 $|T_f| \to |S|$ は $|S_f|$ を経由する．ここで $\pi_{T*}\mathscr{F}_T(i)$ が T_f 上階数 $f(i)$ の局所自由層だからスキームの射 $T_f \to S$ は S_f を経由するので定理の (2) が証明された．

(A) により有限個の多項式 f のみ起こるのである p が存在して，二つの多項式 f, g に対して $f < g \iff f(p) < g(p)$ となる．S_f が $\pi_*\mathscr{F}(p)$ の平坦化階層づけなので定理の (3) が，$n=0$ の場合の結果を S 上の層 $\pi_*\mathscr{F}(p)$ に適用して成り立つ．これで定理の証明を終える．

□

1.7 Quot スキームの構成

1.7.1 主存在定理

以上の準備のもと，Quot スキームを構成していこう．まず次の Grothendieck の定理を述べる．

定理 1.7.1 (Grothendieck)**.** S を Noether 的スキームとして，$\pi\colon X \to S$ を射影射とする．L を X 上の相対的に非常に豊富な直線束とする．このとき任意の連接 $\mathscr{O}_X$-加群 E と任意の多項式 $\Phi \in \mathbb{Q}[\lambda]$ に対して，関手 $\mathfrak{Quot}^{\Phi,L}_{E/X/S}$ は射影スキーム $\mathrm{Quot}^{\Phi,L}_{E/X/S}$ によって表現される．

定理 1.7.1 は次の Altman–Kleiman の定理の証明の技法を用いることで示されるので，まず次の定理の証明を目標とする．

定理 1.7.2 (Altman–Kleiman)**.** S を Noether 的スキームとして，V を S 上のベクトル束とする．X を $\mathbb{P}(V)$ の閉部分スキームとして $L = \mathscr{O}_{\mathbb{P}(V)}(1)|_X$ とおく．W を S 上のベクトル束として ν を整数とする．E を $\pi^*(W)(\nu)$ の連接商層として，$\Phi \in \mathbb{Q}[\lambda]$ を数値的多項式とする．このとき関手 $\mathfrak{Quot}^{\Phi,L}_{E/X/S}$ は $\mathrm{Quot}^{\Phi,L}_{E/X/S}$ で表現可能であり，これは S 上 $\mathbb{P}(F)$ の閉部分スキームとして埋め込まれる．ここで F は S 上のあるベクトル束である．F は W と V の対称積のテンソルで書くことができる．

1.7.2　特殊な場合への還元

次の補題により，定理 1.7.2 は次の特殊な場合に証明すれば良いことを示す: $X = \mathbb{P}(V), E = \pi^*(W)$, ここで V, W は S 上のベクトル束である．

補題 1.7.3. (1) ν を任意の整数とする．$L^{\otimes \nu}$ をテンソルすることにより関手の同型 $\mathfrak{Quot}^{\Phi,L}_{E/X/S} \cong \mathfrak{Quot}^{\Psi,L}_{E(\nu)/X/S}$ を得る．ここで $\Psi \in \mathbb{Q}[\lambda]$ は $\Psi(\lambda) = \Phi(\lambda + \nu)$ である．

(2) $\phi\colon E \to G$ を X 上の連接層の全射準同型とすると，対応する自然変換 $\mathfrak{Quot}^{\Phi,L}_{G/X/S} \to \mathfrak{Quot}^{\Phi,L}_{E/X/S}$ は閉埋め込みである．

証明. (1) は自明であるから (2) を証明する．任意の局所 Noether 的スキームと族 $\langle \mathscr{F}, q \rangle \in \mathfrak{Quot}^{\Phi,L}_{E/X/S}(T)$ に対して閉部分スキーム $T' \subset T$ であって次の普遍性を持つものが存在することを証明すればよい: 任意の局所 Noether 的スキーム U と射 $f\colon U \to T$ に対して, 引き戻しの $\mathscr{O}_{X_U}$ 加群の射 $q_U\colon E_U \to \mathscr{F}_U$ が引き戻しの射 $\phi_U\colon E_U \to G_U$ を経由することと, $U \to T$ が $T' \hookrightarrow T$ を経由することが同値である．これは T' を X_T 上の連接層の射の合成 $\ker(\phi) \hookrightarrow E \xrightarrow{q} \mathscr{F}$ の消滅スキームとすればよい．これは $\ker(\phi)$ と $\mathscr{F}$ が共に X_T 上の連接層であり, $\mathscr{F}$ が T 上に平坦であることから意味を持つ． □

それ故 $\mathfrak{Quot}^{\Phi,L}_{\pi^*W/\mathbb{P}(V)/S}$ が表現可能ならば, $\pi^*W(\nu)\,|_X$ の任意の連接商層 E に対して $\mathrm{Quot}^{\Phi,L}_{E/X/S}$ は $\mathrm{Quot}^{\Phi,L}_{\pi^*W/\mathbb{P}(V)/S}$ の閉部分スキームとして実現される．

1.7.3　m-正則性の使用

V, W を S 上のベクトル束として $\pi\colon \mathbb{P}(V) \to S$ を構造射とする．$E = \pi^*(W)$, $L = \mathscr{O}_{\mathbb{P}(V)}(1)$ として，$\mathfrak{Quot}^{\Phi,L}_{E/X/S}$ が表現可能関手であることを示すことが目標であった．任意の体 k と任意の k-値点 $s \in S$ に対して同型 $\mathbb{P}(V)_s \simeq \mathbb{P}^n_k$, $\mathbb{P}(V)_s$ 上で $E_s \simeq \oplus^p \mathscr{O}_{\mathbb{P}(V)_s}$ である．ここで $n = \mathrm{rank}(V) - 1, p = \mathrm{rank}(W)$ としている．

$\mathrm{rank}(V), \mathrm{rank}(W), \Phi \in \mathbb{Q}[\lambda]$ のみに依る整数 m が存在して, 任意の体 k と, k-値点 $s \in S$ に対して $\mathbb{P}(V)_s$ 上の層 E_s は m-正則となる．さらに任意の $\mathbb{P}(V)_s$ 上の Hilbert 多項式 Φ の連接商 $q\colon E_s \to \mathscr{F} \to 0$ と q の核 $0 \to \mathscr{G} = \ker(q) \to E_s$ に対して, $\mathscr{F}, \mathscr{G}$ も m-正則となる．

Castelnuovo–Mumford の定理により $r \geq m$ に対して $i \geq 1$ のとき

$$H^i(X_s, E_s(r)) = 0, H^i(X_s, \mathscr{F}_s(r)) = 0, H^i(X_s, \mathscr{G}_s(r)) = 0$$

となり

$$H^0(X_s, E_s(r)), H^0(X_s, \mathscr{F}_s(r)), H^0(X_s, \mathscr{G}_s(r))$$

は大域切断で生成される．

上記のことと定理 1.6.5 から $T \to S$ を S スキームとして $q\colon E_T \to \mathscr{F}$ を Hilbert 多項式が Φ の T-平坦な連接商とする．$\mathscr{G} \subset E_T$ を $\ker(q)$ とするとき次を得る:

(*) $\pi_{T*}\mathscr{G}(r)$, $\pi_{T*}E_T(r)$, $\pi_{T*}\mathscr{F}(r)$ はデータ n, p, r, Φ で定まる定数階数の局所自由層であり，$\pi_T^*\pi_{T*}\mathscr{G}(r) \to \mathscr{G}(r)$, $\pi_T^*\pi_{T*}E_T(r) \to E_T(r)$, $\pi_T^*\pi_{T*}\mathscr{F}(r) \to \mathscr{F}(r)$ は全射である．さらに $r \geq m, i \geq 1$ に対して $R^i\pi_{T*}\mathscr{G}(r) = 0$, $R^i\pi_{T*}E_T(r) = 0$, $R^i\pi_{T*}\mathscr{F}(r) = 0$ が成り立つ．

(**) X_T 上の局所自由層の次の可換図式を得る．二つの行は完全で，縦の三つの縦の射は全射である:

$$
\begin{array}{ccccccccc}
0 & \longrightarrow & \pi_T^*\pi_{T*}(\mathscr{G}(r)) & \longrightarrow & \pi_T^*\pi_{T*}(E_T(r)) & \longrightarrow & \pi_T^*\pi_{T*}(\mathscr{F}(r)) & \longrightarrow & 0 \\
 & & \downarrow & & \downarrow & & \downarrow & & \\
0 & \longrightarrow & \mathscr{G}(r) & \longrightarrow & E(r) & \longrightarrow & \mathscr{F}(r) & \longrightarrow & 0.
\end{array}
$$

1.7.4 Grassmann 関手への埋め込み

$r \geq m$ なる r を固定する．局所自由層 $\pi_{T*}\mathscr{F}(r)$ の階数は $\Phi(r)$ で

$$\pi_*E(r) = W \otimes_{\mathscr{O}_S} \operatorname{Sym}^r V$$

である．従って全射 $\pi_{T*}E_T(r) \to \pi_{T*}\mathscr{F}(r)$ は $\mathfrak{Grass}(W \otimes_{\mathscr{O}_S} \operatorname{Sym}^r V, \Phi(r))(T)$ の元を定める．従って関手の射

$$\alpha\colon \mathfrak{Quot}_{E/X/S}^{\Phi,L} \to \mathfrak{Grass}(W \otimes_{\mathscr{O}_S} \operatorname{Sym}^r V, \Phi(r))$$

が次のように定まる: S スキーム $T \to S$ として $q\colon E_T \to \mathscr{F}$ に対して $\alpha(T)(q)$ を $\pi_{T*}(q(r))\colon \pi_{T*}E_T(r) \to \pi_{T*}\mathscr{F}(r)$ という $\mathfrak{Grass}(W \otimes_{\mathscr{O}_S} \operatorname{Sym}^r V, \Phi(r))(T)$ という元を対応させる．

各 $T \to S$ に対して $\alpha(T)$ は単射であることをみる．$\pi_{T*}(q(r))$ から q が復元されることをみる．$G = \operatorname{Grass}(W \otimes_{\mathscr{O}_S} \operatorname{Sym}^r V, \Phi(r))$ とおく．$p_G\colon G \to S$ を構造射として $u\colon p_G^*E \to \mathscr{U} \to 0$ を普遍商とする．$\mathscr{K} = \ker(u)$ として完全系列 $0 \to \mathscr{K} \to p_G^*E \to \mathscr{U} \to 0$ を考える．$\pi_T^*\pi_{T*}\mathscr{G}(r) \to \pi_T^*\pi_{T*}E_T(r)$ が次のように復元される．これに対して射 $T \to G$ が対応して $v\colon \mathscr{K} \to p_G^*E$ の引き戻しとして復元される．h を $\pi_T^*\pi_{T*}\mathscr{G}(r) \to \pi_T^*\pi_{T*}E_T(r) \to E_T(r)$ の合成とする．**(**)** の性質の結果として次の X_T 上の右完全系列を得る:

$$\pi_T^*\pi_{T*}\mathscr{G}(r) \xrightarrow{h} E_T(r) \xrightarrow{q(r)} \mathscr{F}(r) \to 0.$$

よって $q(r)\colon E_T(r) \to \mathscr{F}(r)$ は h の余核として復元される．$-r$ だけ捩って q が復元され $\alpha(T)$ の単射性が証明された．よって α は単射である．

1.7.5 平坦化階層づけの使用

$$\alpha\colon \mathfrak{Quot}^{\Phi,L}_{E/X/S} \to \mathfrak{Grass}(W \otimes_{\mathscr{O}_S} \operatorname{Sym}^r V, \Phi(r))$$

が相対的に表現可能であることを示す．任意の局所 Noether 的 S スキームと任意の全射準同型 $f\colon W_T \otimes_{\mathscr{O}_T} \operatorname{Sym}^r V_T \to \mathscr{J}$, ここで $\mathscr{J}$ は階数 $\Phi(r)$ 局所自由 $\mathscr{O}_T$-加群に対して, 次の普遍性 **(F)** を持つ T 局所閉スキーム T' が存在する:

(F) 与えられた局所 Noether 的 S スキーム Y と S 準同型 $\phi\colon Y \to T$ に対して f_Y を f の引き戻しとして $\mathscr{K}_Y = \ker(f_Y) = \phi^* \ker(f)$ とおく．$\pi_Y\colon X_Y \to Y$ を射影として $h\colon \pi_Y^* \mathscr{K}_Y \to E_Y$ を合成射

$$\pi_Y^* \mathscr{K}_Y \to \pi_Y^*(W \otimes_{\mathscr{O}_S} \operatorname{Sym}^r V) = \pi_Y^* \pi_{Y*} E_Y \to E_Y$$

とする．$q\colon E_Y \to \mathscr{F}$ を h の余核とする．このとき $\mathscr{F}$ の任意のファイバーでの Hilbert 多項式が $\Phi \iff \phi\colon Y \to T$ が $T' \hookrightarrow T$ を経由する．

(F) を満たす T' の存在は平坦化階層づけの存在から判る．即ち X_T 上の層 $\mathscr{F}$ に対する T 上の階層で, Hilbert 多項式 Φ に対応するものを T' とおけばよい．

T を $G = \operatorname{Grass}(W \otimes_{\mathscr{O}_S} \operatorname{Sym}^r V, \Phi(r))$ として $p_G^* E \to \mathscr{U}$ を普遍商とするとき, 対応する局所閉スキーム T' は, その構成から $\mathfrak{Quot}^{\Phi,L}_{E/X/S}$ を表現する．

このようにして $\mathfrak{Quot}^{\Phi,L}_{E/X/S}$ は $\operatorname{Grass}(W \otimes_{\mathscr{O}_S} \operatorname{Sym}^r V, \Phi(r))$ の局所閉スキームとして表現される．$\operatorname{Grass}(W \otimes_{\mathscr{O}_S} \operatorname{Sym}^r V, \Phi(r))$ は $\mathbb{P}(\wedge^{\Phi(r)}(W \otimes_{\mathscr{O}_S} \operatorname{Sym}^r V))$ に閉部分スキームとして埋め込まれる．よって $\operatorname{Quot}^{\Phi,L}_{E/X/S} \subset \mathbb{P}(\wedge^{\Phi(r)}(W \otimes_{\mathscr{O}_S} \operatorname{Sym}^r V))$ は S 上の局所閉部分スキームとなる．特に構造射 $\operatorname{Quot}^{\Phi,L}_{E/X/S} \to S$ は分離的で有限型である．

1.7.6 固有性の付値判定法

関手 $\mathfrak{Quot}^{\Phi,L}_{E/X/S}$ は次のように S 上の固有性に関する付値判定法を満たす：R を S 上の任意の離散付値環として K をその商体とする．$\operatorname{Spec} K \to \operatorname{Spec} R$ に対応して

$$\beta\colon \mathfrak{Quot}^{\Phi,L}_{E/X/S}(\operatorname{Spec} R) \to \mathfrak{Quot}^{\Phi,L}_{E/X/S}(\operatorname{Spec} K)$$

が定まるが, これが全単射であることが次のようにして示される．

$\langle \mathscr{F}, q \rangle \in \mathfrak{Quot}^{\Phi,L}_{E/X/S}(\operatorname{Spec} K)$ を任意にとる．$q\colon E_K \to \mathscr{F}$ という全射となっている．$j\colon X_K \hookrightarrow X_R$ を開埋め込みとして, $\overline{\mathscr{F}}$ を合成 $E_R \to j_*(E_K) \to j_*\mathscr{F}$ の像とする．$\overline{q}\colon E_R \to \overline{\mathscr{F}}$ を誘導された全射とする．すると $\langle \overline{\mathscr{F}}, \overline{q} \rangle$ が $\beta(\langle \overline{\mathscr{F}}, \overline{q} \rangle) = \langle \mathscr{F}, q \rangle$ となる唯一の元である（DVR 上では平坦であることと捩れ元がないことは同値であることを用いる）．よって β は全単射である．S は Noether 的であり $\operatorname{Quot}^{\Phi,L}_{E/X/S} \to S$ は有限型射であることは既に示しているから $\operatorname{Quot}^{\Phi,L}_{E/X/S} \to S$ は固有射である．よって

$$\operatorname{Quot}^{\Phi,L}_{E/X/S} \hookrightarrow \mathbb{P}(\wedge^{\Phi(r)}(W \otimes_{\mathscr{O}_S} \operatorname{Sym}^r V))$$

は閉埋め込みである．これで定理 1.7.2 の証明を終える． □

1.7.7 Grothendieck のバージョンの存在証明

それでは後回しにしていた定理 1.7.1 を示そう.

証明. この場合にも m-正則性と平坦化階層づけを用いるという基本的なアイデアは同じである. S が Noether 的なので次のような共通の m が取れる. k を任意の体として任意の k-値点 $s\colon \operatorname{Spec} k \to S$ と X_s 上の Hilbert 多項式 Φ の任意の連接商層 $q\colon E_s \to \mathscr{F}$ に対して, $r \geq m$ ならば層 $E_s(r), \mathscr{F}(r), \mathscr{G}(r)$, ($\mathscr{G} = \ker(q)$) は大域切断で生成され, 高次コホモロジーは消滅する (m-正則性と半連続性). そこで以前と同様にして

$$\alpha\colon \mathfrak{Quot}^{\Phi,L}_{E/X/S} \to \mathfrak{Grass}(\pi_* E(r), \Phi(r))$$

という単射の関手の射を得る. ここで $\pi_* E(r)$ は連接であるが S 上のベクトル束の商であるとは限らない. 最後に S 上のアフィン開被覆を使って作られる平坦化階層づけを用いて $\operatorname{Grass}(\pi_* E(r), \Phi(r))$ の局所閉部分スキームとして $\operatorname{Quot}^{\Phi,L}_{E/X/S}$ が表現される. 付値判定法によりこれは閉部分スキームとなる. $\operatorname{Grass}(\pi_* E(r), \Phi(r))$ は S 上射影的なので $\operatorname{Quot}^{\Phi,L}_{E/X/S}$ は S 上射影的となる. □

1.8 スキーム的同値関係による商

定義 1.8.1. X を基礎スキーム S 上のスキームとする. S の上の X 上のスキーム的同値関係とは, S スキーム R と S 上の射 $f\colon R \to X \times_S X$ の対であって, 任意の S スキーム T に対して, T-値点の射

$$f(T)\colon R(T) \to X(T) \times X(T)$$

が単射で, その像が (集合の) 同値関係のグラフになっているものとする.

定義 1.8.2. S スキームの射 $q\colon X \to Q$ が S 上のスキーム的同値関係 $f\colon R \to X \times_S X$ の商であるとは, q が $f\colon R \to X \times_S X$ の成分の射 $f_1, f_2\colon R \rightrightarrows X$ の coequalizer(あるいは同じことだが cokernel) となっていることと定義する ($f_i = \mathrm{pr}_i \circ f$, $i = 1, 2$ と定義している). 即ち下の図式で H を任意の S スキーム, φ を $\varphi \circ f_1 = \varphi \circ f_2$ を満たす任意の S 射とするとき, $\varphi = \alpha \circ q$ を満たす S 射 α が唯一つ存在する.

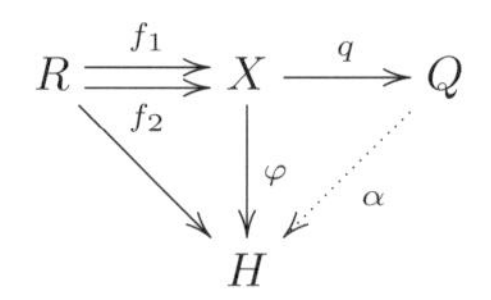

補題を準備する. これは [SGA1,Exposé VIII, Corollary1.9][14] による閉部分スキームの下降理論 (descent theory) である. 証明は参考文献に譲る.

補題 1.8.3. $f\colon S' \to S$ を忠実平坦で quasi-compact なスキームの射とする．$S'' = S' \times_S S'$ とおき，$p_1, p_2\colon S'' \to S'$ をそれぞれ第 1，第 2 成分への射影とする．スキーム X に対して集合 $\mathscr{H}(X)$ を

$$\mathscr{H}(X) = \{Z \mid Z \subset X \text{ は閉部分スキーム }\}$$

と定める．このとき図式

$$\mathscr{H}(S) \xrightarrow{f^{-1}} \mathscr{H}(S') \underset{p_2^{-1}}{\overset{p_1^{-1}}{\rightrightarrows}} \mathscr{H}(S'')$$

は完全である．

ここで集合の図式

$$A \xrightarrow{f} B \underset{h}{\overset{g}{\rightrightarrows}} C$$

が完全であるとは $g \circ f = h \circ f$ であり，$b \in B$ が $g(b) = h(b) \in C$ となるとき $a \in A$ であって $f(a) = b$ となるものが唯一存在することとする．この図式が完全なとき equalizer ともいう．

但し，$Z \hookrightarrow S$ に対して $f^{-1}Z = Z \times_S S' \hookrightarrow S'$ は引き戻しで誘導された閉埋め込みである．

次の補題は上記の下降理論からすぐに従う．

補題 1.8.4. (1) 任意の忠実平坦かつ quasi-compact なスキームの射 $f\colon X \to Y$ に対して

$$X \times_Y X \underset{p_2}{\overset{p_1}{\rightrightarrows}} X \xrightarrow{f} Y$$

は coequalizer である．即ち f は p_1, p_2 の cokernel である．

(2) $p\colon D \to H$ をスキームの忠実平坦かつ quasi-compact な射とする．$Z \in \mathscr{H}(D)$ に対して $p_1^{-1}Z = p_2^{-1}Z \in \mathscr{H}(D \times_H D)$ ならば $(p_1, p_2\colon D \times_H D \rightrightarrows D$ は射影$)$ $Q \in \mathscr{H}(H)$ が唯一存在して $p^{-1}Q = Z$ となり，$p\colon D \to H$ から基底変換で得られる射 $p\,|_Z\colon Z \to Q$ は忠実平坦かつ quasi-compact である．

次の定理は準射影性，平坦性，固有性を仮定することで，商の存在を保証するものである．これらを仮定することで Hilbert スキームを利用できるようになるのである．

定理 1.8.5. S を Noether 的スキームとし，$X \to S$ を準射影的射とする．$f\colon R \to X \times_S X$ を S の上の X 上のスキーム的同値関係で射影 $f_1, f_2\colon R \rightrightarrows X$ は固有で平坦とする．このとき，S 上のスキーム的商 $q\colon X \to Q$ が存在する．さらに Q は S 上準射影的

で, $q\colon X \to Q$ は忠実平坦で射影的で, 誘導された射 $(f_1, f_2)\colon R \to X \times_Q X$ は同型である.

証明. f_1, f_2 の固有性と $X \to S$ の分離性から $f\colon R \to X \times_S X$ の固有性が従う. またスキーム的同値関係の定義から f は関手的に単射である. このことから f は閉埋め込みであり R は $X \times_S X$ の閉部分スキームと見做すことができる. $p_2 |_R = f_2$ は固有で平坦なので (R) は $\mathfrak{Hilb}_{X/S}(X)$ の元を定める.

$\mathfrak{Hilb}_{X/S}$ を表現するスキーム $\mathrm{Hilb}_{X/S}$ が存在する. パラメータスキーム X は Noether 的で, Hilbert 多項式は局所定数だから, X/S 上の相対的に非常に豊富な直線束 L を一つ選び固定するとき, $f_2\colon R \to X$ のファイバーに現れる L に関する Hilbert 多項式 Φ は有限個である. $H = \coprod_\Phi \mathrm{Hilb}^{\Phi, L}_{X/S}$(有限個の disjoint union) とおく. $\mathrm{Hilb}_{X/S}$ は S 上の準射影的スキームだから H もそうである.

$D \subset X \times_S H$ を $\mathrm{Hilb}_{X/S}$ の普遍族の H への制限とするとき, $(R) \in \mathfrak{Hilb}_{X/S}(X)$ は $\varphi\colon X \to H$ で $\varphi^* D = R$ となる射を定める. ここで $\varphi^* D = (\mathrm{id}_X \times \varphi)^{-1} D$ としている. $p\colon D \to H$ は固有で平坦. X が空でないならば対角スキーム Δ_X は R に含まれるから $f_2\colon R \to X$ の各ファイバーは空でない. よって各ファイバーの Hilbert 多項式は 0 ではない. よって $p\colon D \to H$ は全射なので p は忠実平坦である.

任意の S スキーム T に対して D の T 値点とは $x \in X(T), V \in H(T)$ の対 (x, V) であって $x \in V$ を満たすものである. ここで $x \in V$ の正確な定義は, グラフ射

$$(x, \mathrm{id}_T)\colon T \to X \times_S T$$

が $V \subset X \times_S T$ を経由するということとする. この記法を用いて次の重要な補題を示す:

補題 1.8.6. 任意の S スキーム T と, 任意の T-値点 $x, y \in X(T)$ に対して次の (1), (2), (3) は互いに同値である.

(1) $(x, y) \in R(T)$
(2) $x \in \varphi(y)$
(3) $\varphi(x) = \varphi(y)$ が $H(T)$ 内で成り立つ

証明. まず任意の $x, y \in X(T)$ に対して, 射 $(x, y)\colon T \to X \times_S X$ は

$$T \xrightarrow{(x, \mathrm{id}_T)} X \times_S T \xrightarrow{\mathrm{id}_X \times y} X \times_S X$$

の合成に分解することに注意する. $\varphi^* D = R$ で $(\varphi \circ y)^* D = \varphi(y)$ であるから $y^* R = \varphi(y)$ となる. 言い換えれば, $\mathrm{id}_X \times y\colon X \times_S T \to X \times_S X$ による $R \subset X \times_S X$ のスキーム的な逆像は $\varphi(y) \subset X \times_S T$ である. よって $(x, y)\colon T \to X \times_S X$ の上記の分解により

$$(x, y) \in R(T) \Leftrightarrow (x, \mathrm{id}_T)\colon T \to X \times_S T \text{ は } \varphi(y) \subset X \times_S T \text{ を経由する} \Leftrightarrow x \in \varphi(y)$$

が判る. これにより (1) $\Leftrightarrow$ (2) が示せた.

また, $\Delta_X \subset R$ であるから $x \in \varphi(x)$ である. それ故 $\varphi(x) = \varphi(y) \Rightarrow x \in \varphi(y)$ がいえる. よって (3) $\Rightarrow$ (2) が示せた.

残るは (1) $\Rightarrow$ (3), 即ち $(x, y) \in R(T) \Rightarrow \varphi(x) = \varphi(y)$ を示すことが残っている. つまり, $X \times_S T$ の部分スキームとして $\varphi(x)$ と $\varphi(y)$ が等しいことを示す. $\varphi(x) = (\varphi \circ x)^* D = x^* \varphi^* D = x^* R$ であり, 同様に $\varphi(y) = y^* R$ であることに注意する. それ故 $x^* R = y^* R$ を示すことが目標となる.

任意の T-スキーム $u \colon U \to T$ に対して $(X \times_S T)(U)$ の部分集合として $(x^* R)(U) = (y^* R)(U)$ を示せばよい. $x^* R$ は $\mathrm{id}_X \times x \colon X \times_S T \to X \times_S X$ による R の逆像であるので $x^* R$ の U-値点は, $z \in X(U)$ であって $(\mathrm{id}_X \times x) \circ (z, u) \in R(U)$ となるものと同じである. しかし $(\mathrm{id}_X \times x) \circ (z, u) = (z, x \circ u)$ であるから

$$z \in (x^* R)(U) \Leftrightarrow (z, x \circ u) \in R(U)$$

となる. $R(U)$ は集合 $X(U)$ 上の同値関係であるから $(x, y) \in R(T)$ から $(x \circ u, y \circ u) \in R(U)$ となり, 同値関係の推移律から

$$z \in (x^* R)(U) \Leftrightarrow (z, x \circ u) \in R(U) \Leftrightarrow (z, y \circ u) \in R(U) \Leftrightarrow z \in (y^* R)(U)$$

となる. よって $X \times_S T$ の部分スキームである $x^* R$ と $y^* R$ は任意の T-スキーム U に対して同じ U-値点を持つので $x^* R = y^* R$ となり, 補題の証明を終える. □

定理の証明に戻ろう. H は S 上分離的なので, グラフ射 $(\mathrm{id}_X, \varphi) \colon X \to X \times_S H$ は閉埋め込みである. $\Delta_X \subset R$ であり, $\varphi^* D = R$ であるから, (id_X, φ) は $D \subset X \times_S H$ を経由する. 従って閉部分スキーム $\Gamma_\varphi \subset D$ であって (id_X, φ) の下で X の像に同型となるものが存在する. 補題 1.8.4(2) を忠実平坦かつ quasi-compact 射 $p \colon D \to H$ と閉部分スキーム $Z = \Gamma_\varphi \subset D$ に適用したい.

Γ_φ の T-値点は対 $(x, \varphi(x)) \in D(T)$ である. ここで $x \in X(T)$ である. $D \times_H D$ の T-値点は三つ組 (x, y, V) であって, $x, y \in X(T)$, $V \in H(T)$ で $x, y \in V$ となるものである. 射影 $p_1, p_2 \colon D \times_H D \rightrightarrows D$ に対して $p_1(x, y, V) = (x, V)$, $p_2(x, y, V) = (y, V)$ となる.

補題 1.8.6 により

$$\begin{aligned}
&p_1(x, y, V) \in \Gamma_\varphi(T) \\
&\Leftrightarrow (x, V) \in \Gamma_\varphi(T) \text{ かつ } y \in V \\
&\Leftrightarrow V = \varphi(x) \text{ かつ } y \in V \\
&\Leftrightarrow y \in \varphi(x) = V \\
&\Leftrightarrow \varphi(y) = \varphi(x) = V
\end{aligned}$$

が成り立つ. 同様に $p_2(x, y, V) \in \Gamma_\varphi(T) \Leftrightarrow \varphi(y) = \varphi(x) = V$ が成り立つ. これが任意の S-スキーム T で成り立つから

$$p_1^{-1} \Gamma_\varphi = p_2^{-1} \Gamma_\varphi \subset D \times_H D$$

を得る. よって補題 1.8.4(2) により, $Q \subset H$ であって Γ_φ は Q の $D \to H$ による引き戻しとなるものが唯一つ存在する. $q\colon X \to Q$ を $X \xrightarrow{(\mathrm{id}_X,\varphi)} \Gamma_\varphi \xrightarrow{p} Q$ の合成とする. このとき $X \xrightarrow{q} Q \hookrightarrow H$ の合成は φ に等しい事に注意する.

$q\colon X \to Q$ が X の R による商である事を示そう.

(i) $Q \to S$ の準射影性

Q が H の中で閉であり, H は S 上準射影的であることから従う.

(ii) q の忠実平坦性と射影性

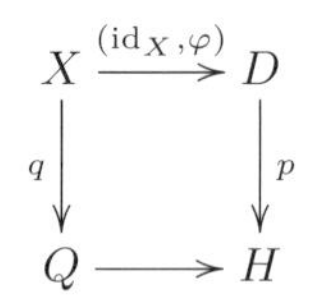

上の図式により q は忠実平坦かつ射影的な p の基底変換であることから従う.

(iii) $R \rightrightarrows X \to Q$ の完全性と同型 $R \to X \times_Q X$

補題 1.8.6 により $(x,y) \in R(T) \Leftrightarrow \varphi(x) = \varphi(y)$ であった. 合成 $R \xrightarrow{f_1} X \xrightarrow{q} Q$ は, 合成 $R \xrightarrow{f_2} X \to Q$ に等しく, $(f_1, f_2)\colon R \to X \times_Q X$ であることが functor of points のレベルで示すことができる. 同型 $R \to X \times_Q X$ の下で, $f_1, f_2\colon R \rightrightarrows X$ は, 射影 $p_1, p_2\colon X \times_Q X \rightrightarrows X$ となることが判る. 補題 1.8.4 により $q\colon X \to Q$ は p_1, p_2 の coequalizer となるので q は f_1, f_2 の coequalizer となる.

以上で証明が完了する. □

2 Grothendieck 位相

2.1 Grothendieck 位相の定義と例

この節では位相空間の一般化である Grothendieck 位相という概念を導入する.

定義 2.1.1. $\mathscr{C}$ を圏とする. $\mathscr{C}$ 上の Grothendieck 位相とは, 各対象 $U \in \mathscr{C}$ に対して $\mathscr{C}$ の射の集合 $\{U_i \to U\}$ の集まり $\mathrm{Cov}(U)$ を割り当てる対応 Cov であって次の条件 (GT1)–(GT3) を満たすものとする. $\mathrm{Cov}(U)$ の元を U の被覆と呼ぶ.

(GT1) $V \to U$ が同型ならば, $\{V \to U\} \in \mathrm{Cov}(U)$ である.

(GT2) 任意の被覆 $\{U_i \to U\} \in \mathrm{Cov}(U)$ と任意の射 $V \to U$ に対して全ての i に対してファイバー積 $U_i \times_U V$ が存在して $\{U_i \times_U V \to V\} \in \mathrm{Cov}(V)$ となる.

(GT3) 被覆 $\{U_i \to U\}_{i\in I}$ と U_i の被覆 $\{V_{ij} \to U_i\}_{j\in J_i}$ があるとき, $\{V_{ij} \to U_i \to U\}_{i\in I, j\in J_i}$ は U の被覆である.

Grothendieck 位相が入った圏のことを景 (site) という. 圏 $\mathscr{C}$ とその上の Grothendieck 位相 $\mathscr{T}$ を対にして $(\mathscr{C}, \mathscr{T})$ を景と呼ぶこともある.

例 2.1.2 (big Zariski topology)**.** (Sch/S) に Grothendieck 位相を入れる. $U \in (\mathrm{Sch}/S)$ に対して $\{U_i \to U\}_i \in \mathrm{Cov}(U) \iff$ 各 $U_i \to U$ が開埋め込みで $\cup_i U_i = U$ と定める.

これが定義 2.1.1 の公理を満たすことは簡単に確かめられる.

例 2.1.3 (big étale topology)**.** (Sch/S) に Grothendieck 位相を入れる. $U \in (\mathrm{Sch}/S)$ に対して $\{U_i \to U\}_i \in \mathrm{Cov}(U) \iff$ 各 $U_i \to U$ が étale で $\coprod_i U_i \to U$ が全射と定める.

これが定義 2.1.1 の公理を満たすことは, étale 射の性質を用いれば確かめられる. 詳しくは étale cohomology のテキスト [2] を参照せよ.

例 2.1.4 (fppf topology)**.** (Sch/S) に Grothendieck 位相を入れる. $U \in (\mathrm{Sch}/S)$ に対して $\{U_i \to U\}_i \in \mathrm{Cov}(U) \iff$ 各 $U_i \to U$ は平坦かつ局所有限表示 (locally of finite presentation) で, $\coprod_i U_i \to U$ は全射と定める.

これが定義 2.1.1 の公理を満たすことを確かめるのは読者の演習とする.

注意 2.1.5. (big Zariski topology) の被覆は (big étale topology) の被覆になり, (big étale topology) の被覆は (fppf tolopogy) の被覆になることに注意する.

2.1.1 fpqc topology

局所有限表示でない被覆を考えると便利なこともある. (Sch/S) 上の位相として $\{U_i \to U\}_i \in \mathrm{Cov}(U)$ を単に $\coprod_i U_i \to U$ を忠実平坦なものとして定義すると, この位相はあまりうまく機能しない. ある種の有限性の条件を課せばうまく機能するようになる.

命題 2.1.6. $f \colon X \to Y$ を全射のスキームの射とする. 次の性質は同値である.

(i) Y の任意の quasi-compact な開部分集合が, X の quasi-compact な開部分集合の像である.

(ii) Y に開部分アフィンスキームによる被覆 $\{V_i\}$ があって, 各 V_i は X の quasi-compact な開部分集合の像である.

(iii) 与えられた点 $x \in X$ に対して, X 内に x の開近傍 U が存在して, fU は Y の中で開集合で制限 $U \to fU$ は quasi-compact である.

(iv) 与えられた点 $x \in X$ に対して, X 内に x の quasi-compact な開近傍 U であって, fU は Y 内の開かつアフィンとなるものが存在する.

証明. [24] を参照せよ. □

定義 2.1.7. スキームの射 $f\colon X \to Y$ が fpqc 射であるとは, f が忠実平坦で命題 2.1.6 の同値な条件を満たすものとする.

注意 2.1.8. fpqc は"fidélement plat et quasi-compact"の略で, フランス語で忠実平坦かつ quasi-compact という意味である.

命題 2.1.9. 次が成立する.

(i) fpqc 射の合成は fpqc である.

(ii) $f\colon X \to Y$ をスキームの射として, Y の開被覆 $\{V_i\}$ であって, 各制限 $f^{-1}V_i \to V_i$ が fpqc のとき, f も fpqc である.

(iii) 開忠実平坦射は fpqc である.

(iv) 忠実平坦射で局所有限表示であるものは fpqc である.

(v) fpqc 射を基底変換して得られた射は fpqc である.

(vi) $f\colon X \to Y$ が fpqc 射とする. このとき, Y の部分集合 V が Y の開集合 $\Longleftrightarrow$ $f^{-1}V$ が X の開集合.

証明. 読者の演習問題とする. □

定義 2.1.10 (fpqc topology)**.** (Sch/S) に Grothendieck 位相を入れる. $\{U_i \to U\}_i \in \mathrm{Cov}(U) \Longleftrightarrow \coprod_i U_i \to U$ が fpqc と定義する. この位相を fpqc 位相と呼ぶ.

系 2.1.11. 命題 2.1.9(iv) より $\{U_i \to U\}$ が fppf 被覆ならば fpqc 被覆である. 従って (big Zariski) $\subset$ (big étale) $\subset$ (fppf) $\subset$ (fpqc) の包含がある.

2.2 層

Grothendieck 位相が通常の位相空間の一般化なので, 位相空間上の層の Grothendieck 位相への一般化も存在する.

定義 2.2.1. $\mathscr{C}$ を景とする. $F\colon \mathscr{C}^{op} \to (\mathrm{Set})$ を関手とする.

(i) F が分離的であるとは, 被覆 $\{U_i \to U\}$ と二つの切断 $a, b \in FU$ であって各 FU_i への引き戻しが一致するものが与えられたとき, $a = b$ となることとする.

(ii) F が層であるとは次の条件が満たされることとする. $\mathscr{C}$ の被覆 $\{U_i \to U\}_i$ と $a_i \in FU_i$ が各 i に対して与えられているとする. $\mathrm{pr}_1\colon U_i \times_U U_j \to U_i$ と $\mathrm{pr}_2\colon U_i \times_U U_j \to U_j$ をそれぞれ第一, 第二の射影として, $\mathrm{pr}_1^* a_i = \mathrm{pr}_2^* a_j \in F(U_i \times_U U_j)$ が任意の i, j で成り立っているとする. このとき元 $a \in FU$ であって任意の i に対して FU_i への引き戻しが a_i となるものが一意的に存在する.

注意 2.2.2. 景の上の層は分離的である.

層である条件を図式の言葉で表現し直そう．まず次の定義をする．

定義 2.2.3. A, B, C を集合として図式

$$A \xrightarrow{f} B \overset{g}{\underset{h}{\rightrightarrows}} C$$

が equalizer であるとは，f が単射で，$b \in B$ に対して $g(b) = h(b)$ であることと $a \in A$ が存在して $b = f(a)$ となることが同値と定義する．

$\mathscr{C}$ を景とする．関手 $F \colon \mathscr{C}^{op} \to (\mathrm{Set})$ と $\mathscr{C}$ の被覆 $\{U_i \to U\}$ に対して次の図式が考えられる．

$$FU \longrightarrow \Pi_i FU_i \overset{\mathrm{pr}_1^*}{\underset{\mathrm{pr}_2^*}{\rightrightarrows}} \Pi_{i,j} F(U_i \times_U U_j)$$

ここで $FU \to \Pi_i FU_i$ は制限写像 $FU \to FU_i$ から誘導されたものであり，

$$\mathrm{pr}_1^* \colon \Pi_i FU_i \to \Pi_{i,j} F(U_i \times_U U_j)$$

は $(a_i) \in \Pi_i FU_i$ を $(\mathrm{pr}_1^*(a_i)) \in \Pi_{i,j} F(U_i \times_U U_j)$ に送る写像である．ただし $\mathrm{pr}_1 \colon U_i \times_U U_j \to U_i$ は第 1 成分への射影である．pr_2^* も同様に定義される．

命題 2.2.4. $F \colon \mathscr{C}^{op} \to (\mathrm{Set})$ が層であることは，任意の被覆 $\{U_i \to U\}$ に対して

$$FU \longrightarrow \Pi_i FU_i \overset{\mathrm{pr}_1^*}{\underset{\mathrm{pr}_2^*}{\rightrightarrows}} \Pi_{i,j} F(U_i \times_U U_j)$$

が equalizer であることと同値である．また F が分離的であることは写像 $FU \to \Pi_i FU_i$ が単射であることと同値である．

証明．これは層の定義と分離性の定義を言い換えたものである． □

2.3 表現可能関手は fpqc 位相で層である

(Sch/S) に fpqc 位相を入れた景を考える．これから示すように任意の表現可能関手は fpqc 位相において層になる．従って任意の表現可能関手は big Zariski 位相, étale 位相, fppf 位相においても層になる．任意の表現可能関手が層となる景は subcanonical であるという．よって (big Zariski site), (étale site), (fppf site), (fpqc site) は全て subcanonical になる．

Picard スキームの節で様々な関手の表現可能性を探ることになるが, それが表現可能であるためには上記四つの位相において層でなければならない. 逆に言えば, どれか一つの位相である関手が層になっていなければその関手は表現可能ではないということになる.

次の命題はその後の議論に用いられる.

命題 2.3.1. スキームの圏上の表現可能関手 $h_X\colon (\mathrm{Sch})^{op} \to (\mathrm{Set})$ は (Sch) 上の big Zariski 位相について層になる.

証明. $U \in (\mathrm{Sch})$ に対し, その被覆 $\{U_i \hookrightarrow U\}_{i\in I} \in \mathrm{Cov}(U)$ をとる. 即ち $\{U_i\}_{i\in I}$ は U の Zariski 開被覆である. $(f_i\colon U_i \to X) \in h_X(U_i)$ $(i \in I)$ について, 任意の $i, j \in I$ に対して

$$f_i\mid_{U_i\cap U_j} = f_j\mid_{U_i\cap U_j}\colon U_i \cap U_j \to X$$

であるとすると f_i たちは接着して $f\colon U \to X$ が定まり $f\mid_{U_i} = f_i$ が成り立つ. このような f は一意的である. よって h_X は big Zariski 位相に関して層になる. □

定義 2.3.2. $(\mathscr{C}, \mathscr{T})$ を景とする. $\mathscr{T}$ が subcanonical であるとは, 任意の表現可能関手が $\mathscr{T}$ に関して層になることとする.

big Zariski 位相は subcanonical である.

定義 2.3.3. $\mathscr{C}$ を景とし, S を $\mathscr{C}$ の対象とする. comma 圏 $(\mathscr{C}/S)$ 上の comma topology を次のように定める. 対象 $U \to S$ に対して $\mathrm{Cov}(U \to S)$ を, 次の可換図式を満たす射の集まり $\{f_i\}$ であって, $\{f_i\colon U_i \to U\}_i \in \mathrm{Cov}(U)$ となるもの全体とする.

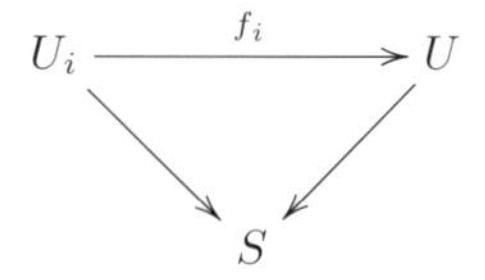

comma topology が実際に Grothendieck topology になることは容易に確かめられるので読者の演習問題とする.

命題 2.3.4. 景 $\mathscr{C}$ とその対象 $S \in \mathscr{C}$ に対して, $\mathscr{C}$ の位相が subcanonical であるならば $\mathscr{C}/S$ 上の comma topology も subcanonical である.

証明. 任意の $\{U_i \to U\}_i \in \mathrm{Cov}(\mathscr{C}/S)$ に対して

$$\mathrm{Hom}_S(U, X) \xrightarrow{\alpha} \Pi_i \mathrm{Hom}_S(U_i, X) \overset{\mathrm{pr}_1^*}{\underset{\mathrm{pr}_2^*}{\rightrightarrows}} \Pi_{i,j} \mathrm{Hom}_S(U_i \times U_j, X)$$

が equalizer であることを示せばよい.

$$\begin{array}{ccc} \mathrm{Hom}_S(U,X) & \xrightarrow{\alpha} & \Pi_i \mathrm{Hom}_S(U_i,X) \\ \downarrow{\scriptstyle i} & & \downarrow{\scriptstyle j} \\ \mathrm{Hom}(U,X) & \xrightarrow[\beta]{} & \Pi_i \mathrm{Hom}(U_i,X) \end{array}$$

上図において i, j は包含写像で, β は h_X が層であることから単射である. 従って α は単射である.

次に $(a_i) \in \Pi_i \mathrm{Hom}_S(U_i, X)$ が $\mathrm{pr}_1^* a_i = \mathrm{pr}_2^* a_j$ が任意の (i, j) の組で成り立っていると仮定する. すると h_X は層だから $a \in \mathrm{Hom}(U, X)$ で

$$U_i \to U \xrightarrow{a} X$$

が a_i に一致するものが存在する. あとは a が S-スキームの射であることを示せばよい. $\mathrm{Hom}(-, S)$ はスキームの圏において層であるから, 合成 $U_i \to U \xrightarrow{a} X \to S$ は構造射 $U_i \to S$ と一致する. よって $\mathrm{Hom}(U, S) \to \Pi_i \mathrm{Hom}(U_i, S)$ は単射となり, よって $U \xrightarrow{a} X \to S$ は構造射となる.

□

定理 2.3.5. S 上のスキームの圏 (Sch/S) 上の表現可能関手 $F\colon (\mathrm{Sch}/S)^{op} \to (\mathrm{Set})$ は fpqc 位相に関して層になる. 即ち fpqc site は subcanonical である.

この小節では, この定理を証明することを目標とする. 次の補題で $\{*\}$ は一点からなる集合とする. これは集合の圏の終対象である. また関手が Zariski sheaf であるとは big Zariski 位相に関して層となっているものとする. 他の位相に関しても同様に定義する.

補題 2.3.6. Zariski sheaf $F\colon (\mathrm{Sch}/S)^{op} \to (\mathrm{Set})$ に対して $F(\emptyset) = \{*\}$ である.

証明. 空スキーム $\in (\mathrm{Sch}/S)$ の被覆として empty cover($I = \emptyset$) を考えれば $\Pi_{i\in\emptyset} F(\emptyset) = \{*\}$ となり

$$F(\emptyset) \longrightarrow \{*\} \overset{\mathrm{pr}_1^*}{\underset{\mathrm{pr}_2^*}{\rightrightarrows}} \{*\}$$

が equalizer になる. よって $F(\emptyset) = \{*\}$ となる. □

補題 2.3.7. S-スキーム $U_i \in (\mathrm{Sch}/S)$ $(i \in I)$ に対して $V = \coprod_{i\in I} U_i \in (\mathrm{Sch}/S)$ とおく. このとき Zariski sheaf $F\colon (\mathrm{Sch}/S)^{op} \to (\mathrm{Set})$ に対して $F(V) \cong \Pi_{i\in I} F(U_i)$ となる.

証明. $U_i \to V$ を自然な入射とすると, これは開移入で $\cup_i U_i = V$ であるから $\{U_i \to V\}_i$ は V の Zariski 被覆である. よって

$$F(V) \longrightarrow \Pi_i F(U_i) \underset{\mathrm{pr}_2^*}{\overset{\mathrm{pr}_1^*}{\rightrightarrows}} \Pi_{i,j} F(U_i \times_V U_j)$$

は equalizer である. V の部分集合として $U_i \cap U_j = \emptyset$ より $U_i \times_V U_j = \emptyset$ $i \neq j$ となる. $F(\emptyset) = \{*\}$ であるから

$$\Pi_{i,j} F(U_i \times_V U_j) \cong \Pi_i F(U_i \times_V U_i)$$

となる. さらに開移入 $U_i \to V$ は単射であるから, $U_i \times_V U_i \cong U_i$ が成り立ち,

$$\Pi_i F(U_i \times_V U_i) \cong \Pi_i F(U_i)$$

となる. このとき

$$F(V) \longrightarrow \Pi_i F(U_i) \underset{\mathrm{id}}{\overset{\mathrm{id}}{\rightrightarrows}} \Pi_i F(U_i)$$

は equalizer になり $F(V) \cong \Pi_i F(U_i)$ を得る.

□

次の補題は Zariski sheaf が fpqc sheaf であるかどうかを調べるには一つの射からなる被覆に対して層の条件をチェックすれば十分であることを保証する.

補題 2.3.8. Zariski sheaf $F\colon (\mathrm{Sch}/S)^{op} \to (\mathrm{Set})$ に対して, 次は同値である.

(i) F は fpqc sheaf である.

(ii) 任意の fpqc な S-スキームの射 $f\colon V \to U$ に対して

$$F(U) \longrightarrow F(V) \underset{\mathrm{pr}_2^*}{\overset{\mathrm{pr}_1^*}{\rightrightarrows}} F(V \times_U V)$$

は equalizer である.

証明. (i) ⇒ (ii) を示す. $f\colon V \to U$ が fpqc 射のとき, $\{V \xrightarrow{f} U\}$ は U の fpqc 被覆であることから従う.

(ii) ⇒ (i) を示す. U の fpqc 被覆 $\{U_i \to U\}_i$ を任意にとる. $V = \coprod_i U_i$ とおく. F は Zariski sheaf であるから補題 2.3.7 より

$$F(V) \cong \Pi_i F(U_i)$$

となる. また $V \times_U V \cong \coprod_{i,j} (U_i \times_U U_j)$ が成り立つことから

$$F(V \times_U V) \cong \Pi_{i,j} F(U_i \times_U U_j)$$

となる. このとき

$$\begin{array}{ccccc} F(U) & \longrightarrow & F(V) & \overset{\mathrm{pr}_1^*}{\underset{\mathrm{pr}_2^*}{\rightrightarrows}} & F(V \times_U V) \\ \| & & \downarrow \cong & & \downarrow \cong \\ F(U) & \longrightarrow & \Pi_i F(U_i) & \overset{\mathrm{pr}_1^*}{\underset{\mathrm{pr}_2^*}{\rightrightarrows}} & \Pi_{i,j} F(U_i \times_U U_j) \end{array}$$

という可換図式を考えると, $V = \coprod_i U_i \to U$ が fpqc 射であることから上段が equalizer になるから, 下段も equalizer になるので F は fpqc sheaf となる.

□

さらに強く次が成立する.

定理 2.3.9. 関手 $F\colon (\mathrm{Sch}/S)^{op} \to (\mathrm{Set})$ に対して

(i) F は Zariski sheaf である.

(ii) 任意のアフィン S-スキームの間の忠実平坦射 $f\colon V \to U$ に対し

$$F(U) \longrightarrow F(V) \overset{\mathrm{pr}_1^*}{\underset{\mathrm{pr}_2^*}{\rightrightarrows}} F(V \times_U V)$$

は equalizer である.

が成り立つと仮定する. このとき F は fpqc sheaf である.

証明. 補題 2.3.8 より, fpqc 射 $f\colon V \to U$ に対して

$$F(U) \xrightarrow{F(f)} F(V) \overset{\mathrm{pr}_1^*}{\underset{\mathrm{pr}_2^*}{\rightrightarrows}} F(V \times_U V)$$

が equalizer であることを示せば十分である. いくつかのステップに分けて証明する.

Step1: F(f) は単射である.

$f\colon V \to U$ は fpqc 射と仮定する. V の quasi-compact な開被覆 $\{V_i\}_i$ であって $U_i = f(V_i)$ が U のアフィン開集合となるものが存在する. さらに各 V_i はアフィン開有限被覆 $\{V_{ik}\}$ をもつ. 可換図式

$$\begin{array}{ccc} F(U) & \xrightarrow{F(f)} & F(V) \\ \downarrow & & \downarrow \\ \Pi_i F(U_i) & \longrightarrow & \Pi_i \Pi_k F(V_{ik}) \end{array}$$

を考える. F は Zariski sheaf であるから, 左右の縦の写像は単射である. また各 i について $\coprod_k V_{ik}$ がアフィンスキームであり $\coprod_k V_{ik} \to U_i$ が忠実平坦射となることから (ii)

より,

$$F(U_i) \to F(\coprod_k V_{ik}) \cong \Pi_k F(V_{ik})$$

は単射となる. よって図式の下段も単射となり $F(f)$ が単射となることが判る.

Step2: quasi-compact スキームからアフィンスキームへの射の場合

$f\colon V \to U$ は quasi-compact スキームからアフィンスキーム U への fpqc 射であるとする.

$$F(U) \longrightarrow F(V) \underset{\mathrm{pr}_2^*}{\overset{\mathrm{pr}_1^*}{\rightrightarrows}} F(V \times_U V)$$

という図式に対して $\mathrm{pr}_1^* b = \mathrm{pr}_2^* b \in F(V \times_U V)$ を満たす $b \in F(V)$ に対して $Ff(a) = b$ となる $a \in F(U)$ が存在することを示す. V は quasi-compact だからアフィンな有限開被覆 $\{V_i\}_i$ が存在する. このとき $\coprod_i V_i$ はアフィンスキームで, $\coprod_i V_i \to U$ は忠実平坦射になるから (ii) と補題 2.3.7 により

$$F(U) \longrightarrow \Pi_i F(V_i) \underset{\mathrm{pr}_2^*}{\overset{\mathrm{pr}_1^*}{\rightrightarrows}} \Pi_{i,j} F(V_i \times_U V_j)$$

は equalizer になる. $b_i = b\,|_{V_i} \in F(V_i)$ とおくと, i, j に対して

$$b_i\,|_{V_i \times_U V_j} = (\mathrm{pr}_1^* b)\,|_{V_i \times V_j} = (\mathrm{pr}_2^* b)\,|_{V_i \times V_j} = b_j\,|_{V_i \times_U V_j}$$

となるから, $f^* a\,|_{V_i} = b_i = b\,|_{V_i}$ となる $a \in F(U)$ が一意的に存在する. F は Zariski sheaf なので $f^* a = b$ を得る.

Step3: 一般のスキームからアフィンスキームへの射の場合

$f\colon V \to U$ を一般のスキーム V からアフィンスキーム U への fpqc 射とする. $\mathrm{pr}_1^* b = \mathrm{pr}_2^* b \in F(V \times_U V)$ を満たす $b \in F(V)$ に対して $Ff(a) = b$ となる $a \in F(U)$ が存在することを示す.

主張: V の quasi-compact な開被覆 $\{V_i\}_i$ であって $f\,|_{V_i} \colon V_i \to U$ が全射になるものが存在する.

∵) f は fpqc 射だから命題 2.1.9(i) により $f(W) = U$ なる quasi-compact な開集合 $W \subset V$ が存在する. 各 $x \in V$ について, 命題 2.1.9(iv) により, x の quasi-compact な開近傍 W_x が存在して $f(W_x) \subset U$ はアフィン開集合になる. このとき $V_x = W_x \cup W$ とおくと, これは x の quasi-compact な開近傍で $f\,|_{V_x} \colon V_x \to U$ は全射となる. よって開被覆 $\{V_x\}_{x \in V}$ をとればよい. (主張の証明終わり).

$b_i = b\,|_{V_i} \in F(V_i)$ とおく. $f\,|_{V_i} \colon V_i \to U$ は quasi-compact スキームからアフィンスキームへの fpqc 射であるから, Step2 より $a_i \in F(U)$ であって $(f^* a_i)\,|_{V_i} = b_i$ となるものが唯一つ存在する.

主張: 任意の i, j に対して $a_i = a_j$ が成り立つ.

∵) $V_i \cup V_j$ は quasi-compact な開集合で f の制限写像 $resf\colon V_i \cup V_j \to U$ は fpqc 射だから, Step2 より $(f^*a_{ij})\mid_{V_i \cup V_j} = b\mid_{V_i \cup V_j}$ なる $a_{ij} \in F(U)$ が存在する．このとき

$$(f^*a_{ij})\mid_{V_i} = b\mid_{V_i} = b_i = (f^*a_i)\mid_{V_i}$$

となり, $V_i \to U$ が fpqc 射であることから Step1 より $a_{ij} = a_i$ となる．同様に $a_{ij} = a_j$ にもなる．（主張の証明終わり）

よって $a = a_i \in F(U)$ が矛盾なく定義される．さらに各 i に対して $(f^*a)\mid_{V_i} = b_i = b\mid_{V_i}$ となるから, F が Zariski sheaf であることから $f^*a = b$ を得る．

Step4: 一般の場合

$f\colon V \to U$ はスキームの間の fpqc 射とする．U のアフィン開被覆 $\{U_i\}_i$ をとり, $V_i = f^{-1}(U_i)$ とおく．図式

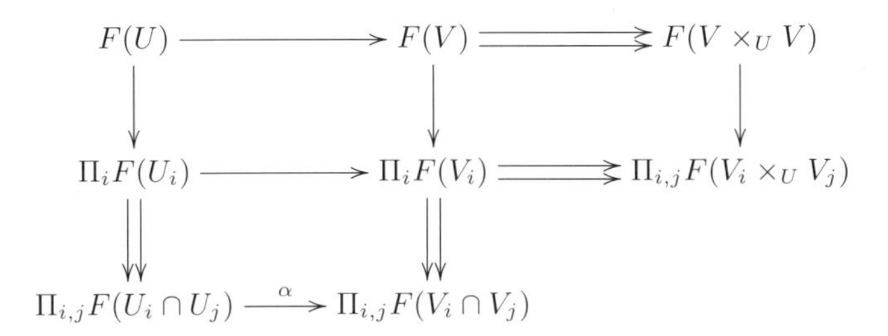

において

- F は Zariski sheaf だから, 左二列は equalizer
- Step3 より中段も equalizer
- Step1 より α は単射

であるから, diagram chasing によって上段が equalizer であることが判る．

□

もう少し準備が必要である．

命題 2.3.10. 忠実平坦な環準同型 $f\colon A \to B$ に対して図式

$$A \xrightarrow{f} B \underset{e_2}{\overset{e_1}{\rightrightarrows}} B \otimes_A B$$

を考える．ここで $b \in B$ に対して $e_1(b) = b \otimes 1$, $e_2(b) = 1 \otimes b$ としている．このとき,

$$0 \to A \xrightarrow{f} B \xrightarrow{e_1 - e_2} B \otimes_A B$$

は完全系列である．

証明. $A \xrightarrow{f} B$ は忠実平坦なので f は単射である．また $\operatorname{im} f \subset \ker(e_1 - e_2)$ もすぐに判る．

A-代数の射 $g\colon B \to A$ が存在すると仮定しよう．即ち, $\operatorname{Spec} B \to \operatorname{Spec} A$ は切断を持つ場合を考える．このとき $g \circ f\colon A \to A$ は恒等写像である．$b \in \ker(e_1 - e_2)$ を任意にとる．$B \otimes_A B$ 内で $b \otimes 1 = 1 \otimes b$ である．$g \otimes \mathrm{id}_B\colon B \otimes_A B \to A \otimes_A B = B$ をこの等式の二つの元に適用して, $f(g(b)) = b$ を得る．従って $b \in \operatorname{im} f$ となる．

一般には $\operatorname{Spec} B \to \operatorname{Spec} A$ の切断は存在するとは限らない．しかし忠実平坦な A-代数の射 $A \to A'$ であって基底変換で得られる射 $f \otimes \mathrm{id}_{A'}\colon A' \to B \otimes_A A'$ が切断 $B \otimes_A A' \to A'$ を持つ場合を考える．（このような A' が常にとれることは後で示す)．$B' = B \otimes_A A'$ とおく．すると A'-代数の自然な同型 $B' \otimes_{A'} B' \cong (B \otimes_A B) \otimes_A A'$ は次の図式を可換にする．

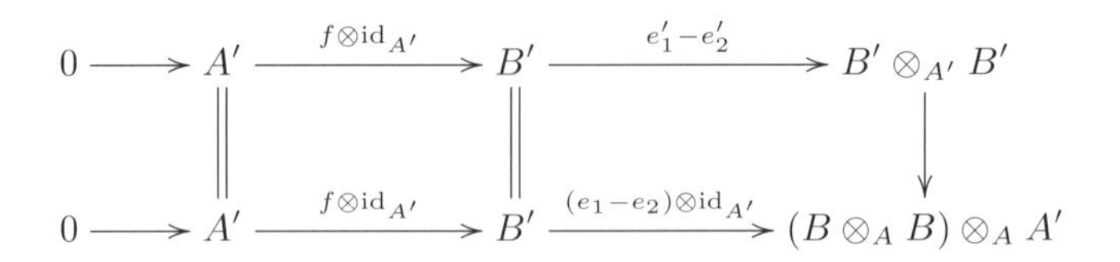

$A \to A'$ は忠実平坦なので $A \xrightarrow{f} B \xrightarrow{e_1 - e_2} B \otimes_A B$ は完全系列となる．

最後に, このような忠実平坦しな A-代数 $A \to A'$ が存在することを示す．$A' = B$ として, $B \otimes_A A' \to A'$ を $b \otimes b' \mapsto bb'$ とおけばこれは望まれた切断を与える．幾何的には, 対角射 $\Delta\colon V \to V \times_U V$ は $\mathrm{pr}_1\colon V \times_U V \to V$ の切断となる．

□

補題 2.3.11. スキームの射 $f_1\colon X_1 \to Y$, $f_2\colon X_2 \to Y$ と $x_1 \in X_1$, $x_2 \in X_2$ について $f_1(x_1) = f_2(x_2)$ であるとする．このとき $z \in X_1 \times_Y X_2$ であって $\mathrm{pr}_1(z) = x_1$, $\mathrm{pr}_2(z) = x_2$ となるものが存在する．

証明．$y = f_1(x_1) = f_2(x_2) \in Y$ とおく．体の拡大 $k(y) \subset k(x_1)$, $k(y) \subset k(x_2)$ を考える．体上の 0 でないベクトル空間のテンソル積は 0 でないので $k(x_1) \otimes_{k(y)} k(x_2)$ は 0 でないので極大イデアル $\mathfrak{m}$ を持つ．$K = (k(x_1) \otimes_{k(y)} k(x_2))/\mathfrak{m}$ は $k(x_1)$ と $k(x_2)$ を含む $k(y)$ の拡大体である．

$$\operatorname{Spec} K \to \operatorname{Spec} k(x_1) \to X_1 \xrightarrow{f_1} Y$$
$$\operatorname{Spec} K \to \operatorname{Spec} k(x_2) \to X_2 \xrightarrow{f_2} Y$$

は一致する．よって $\operatorname{Spec} K \to X_1 \times_Y X_2$ を得て, z を $\operatorname{Spec} K$ の像とすればよい．

□

以上の準備のもと定理 2.3.5 の証明をしていこう．

証明．fpqc site (Sch) が subcanonical であることを示せば十分である．$X \in$ (Sch) に対して $h_X\colon (\mathrm{Sch})^{op} \to (\mathrm{Set})$ は Zariski sheaf であるから定理 2.3.9 によりアフィンスキームの忠実平坦射 $f\colon V \to U$ に対して

$$\mathrm{Hom}(U,X) \longrightarrow \mathrm{Hom}(V,X) \underset{\mathrm{pr}_2^*}{\overset{\mathrm{pr}_1^*}{\rightrightarrows}} \mathrm{Hom}(V\times_U V, X)$$

が equalizer であることを示せばよい.

X がアフィンスキームの場合, $U=\operatorname{Spec}A, V=\operatorname{Spec}B, X=\operatorname{Spec}R$ とおくと, 命題 2.3.10 により

$$A \longrightarrow B \rightrightarrows B\otimes_A B$$

は equalizer である. 表現可能関手 $\mathrm{Hom}(R,-)$ は limit を保つから

$$\mathrm{Hom}(R,A) \longrightarrow \mathrm{Hom}(R,B) \rightrightarrows \mathrm{Hom}(R,B\otimes_A B)$$

も equalizer で, $\mathrm{Hom}_{\mathrm{Ring}}(R,A)\cong \mathrm{Hom}_{\mathrm{Sch}}(U,X)$ より主張を得る.

X が一般のスキームのとき.

$\{X_i\}_i$ を X の開アフィン被覆とする. h_X が分離的であることを示す. $g,g'\colon U\to X$ を

$$V \xrightarrow{f} U \underset{g'}{\overset{g}{\rightrightarrows}} X$$

が一致するとする. 即ち $g\circ f=g'\circ f$ となるものとする. $g=g'$ を示したい. $V\to U$ は全射だから底空間の写像 $|g|=|g'|$ である.

- $U_i=g^{-1}(X_i)=g'^{-1}(X_i)$
- $V_i=f^{-1}(U_i)$

とおく. 二つの合成

$$V_i \longrightarrow U_i \underset{g'|_{U_i}}{\overset{g|_{U_i}}{\rightrightarrows}} X_i$$

は一致し X_i はアフィンであるから $g\,|_{U_i}=g'\,|_{U_i}$ が任意の i で成立する. よって $g=g'$ が成立し h_X は分離的であることが示された.

証明を完成させるために $g\colon V\to X$ が二つの合成

$$V\times_U V \underset{\mathrm{pr}_2}{\overset{\mathrm{pr}_1}{\rightrightarrows}} V \xrightarrow{g} X$$

が等しいという条件を満たすとする. g が U を経由することを示さなければならない. $V\overset{f}{\to}U$ は全射であるから補題 2.3.11 により g は集合論的に U を経由する. それを $\alpha\colon U\to X$ と書く. U は $V\to U$ による商位相を持っているので α は連続である.

- $U_i = \alpha^{-1} X_i$
- $V_i = g^{-1} X_i$

とおく.

$$V_i \times_U V_i \overset{\mathrm{pr}_1}{\underset{\mathrm{pr}_2}{\rightrightarrows}} V_i \xrightarrow{g|_{V_i}} X_i$$

は一致し, X_i はアフィンなので, $g\,|_{V_i}$ は一意的に $\alpha_i \colon U_i \to X_i$ を経由する.

$$\alpha_i\,|_{U_i \cap U_j} = \alpha_j\,|_{U_i \cap U_j} \to X$$

であり, h_X は分離的であるので α_i たちは接着して

$$V \to U \xrightarrow{\alpha} X$$

という分解を得る. 以上により h_X は層であることが証明された. □

2.4 関手の層化

$(\mathscr{C}, \mathscr{T})$ を景とする. 関手 $F \colon \mathscr{C}^{op} \to (\mathrm{Set})$ に対して F の層化 F^a を以下のように構成する. まず F から分離的な関手 F^s を構成する. $U \in \mathscr{C}$ に対して FU 上の同値関係 $\sim$ を次のように入れる. $a, b \in FU$ に対して $a \sim b$ であるとは, ある被覆 $\{U_i \to U\}_{i \in I}$ が存在して a と b の各 FU_i への引き戻しが一致することと定義する.

主張 2.4.1. $\sim$ は FU 上の同値関係である.

証明. $a, b, c \in FU$ に対して $a \sim b$, $b \sim c$ ならば $a \sim c$ を示せばよい.

$a \sim b$ に対して被覆 $\{U_i \to U\}_{i \in I}$ がとれて a と b の各 FU_i への引き戻しが一致する.

$b \sim c$ に対して被覆 $\{V_j \to U\}_{j \in J}$ がとれて b と c の各 FV_j への引き戻しが一致する.

このとき U の被覆 $\{U_i \times_U V_j \to U\}_{(i,j) \in I \times J}$ に対して a と c の各 $F(U_i \times_U V_j)$ への引き戻しが一致する. よって $a \sim c$ である. □

$F^s U = FU/\sim$ とおく. F^s が関手であることを示そう. $\alpha \colon V \to U$ を $\mathscr{C}$ の射とする. $a, b \in FU$ が $a \sim b$ なら $(F\alpha)(a) \sim (F\alpha)(b)$ が FV で成り立つことが示されれば, $F^s U \to F^s V$ が誘導されるので, これを示す. $a \sim b$ なのである被覆 $\{U_i \to U\}$ が存在して a と b の各 FU_i への引き戻しが一致する. このとき V の被覆を作りたい. 下図のようなファイバー積を作ればよいことが判る:

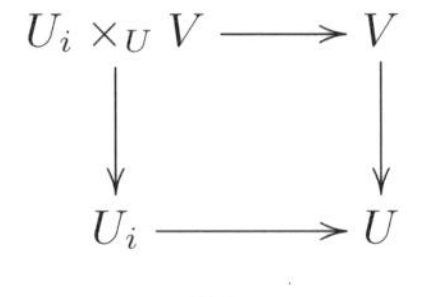

この図式の上の行が求める被覆 $\{U_i \times_U V \to V\}$ を与える．実際 F を図式に作用させれば容易に判る．こうして関手 F^s が定まる．

主張 2.4.2. 関手 $F^s \colon \mathscr{C}^{op} \to (\mathrm{Set})$ は分離的である．

証明．$\{U_i \to U\}$ を任意に与えられた被覆として，$[a], [b] \in F^s U$ を二つの切断で各 $F^s U_i$ への引き戻しが一致すると仮定する．但し $a, b \in FU$ を代表元としている．すると $a \sim b$ なので $[a] = [b] \in F^s U$ となる．よって F^s は分離的である． □

次に F の層化 F^a を構成する．$U \in \mathscr{C}$ に対して対 $(\{U_i \to U\}_{i \in I}, \{a_i\}_{i \in I})$ を考える． ここで $\{U_i \to U\}$ は被覆で，$a_i \in F^s(U_i)$ である． このような対の全体を $\overline{F}(U)$ とする．$U \xrightarrow{f} V$ に対して $\overline{F}(f) \colon \overline{F}(V) \to \overline{F}(U)$ が次のように定まる．即ち，$(\{V_i \to V\}_{i \in I}, \{b_i\}_{i \in I}) \in \overline{F}(V)$ に対して $(\{V_i \times_V U\}_{i \in I}, \{\mathrm{pr}_1^*(b_i)\}_{i \in I}) \in \overline{F}(U)$ を対応させるのである．ここで次のようなファイバー積を考えている．

$$\begin{array}{ccc} V_i \times_V U & \longrightarrow & U \\ {\scriptstyle \mathrm{pr}_1} \downarrow & & \downarrow {\scriptstyle f} \\ V_i & \longrightarrow & V \end{array}$$

$\overline{F}(U)$ に次のような同値関係 $\sim$ を導入する．

$$(\{U_i \to U\}, \{a_i\}) \sim (\{V_j \to U\}, \{b_j\})$$

であるとは，任意の i, j に対して図式

$$\begin{array}{ccc} F^s(U_i \times_U V_j) & \xleftarrow{\mathrm{pr}_2^*} & F^s(V_j) \\ {\scriptstyle \mathrm{pr}_1^*} \uparrow & & \uparrow \\ F^s(U_i) & \longleftarrow & F^s(U) \end{array}$$

に対して $\mathrm{pr}_1^*(a_i) = \mathrm{pr}_2^*(b_j)$ が成り立つことと定義する．推移律が成り立つことを確かめる．

$$(\{U_i \to U\}, \{a_i\}) \sim (\{V_j \to U\}, \{b_j\})$$

かつ

$$(\{V_j \to U\}, \{b_j\}) \sim (\{W_k \to U\}, \{c_k\})$$

と仮定する．このとき

$$(\{U_i \to U\}, \{a_i\}) \sim (\{W_k \to U\}, \{c_k\})$$

が成り立つことをみるには，次の図式を diagram chasing することと F^s が分離的であることから判る．

$$
\begin{array}{ccccc}
F^s(U_i \times_U V_j \times_U W_k) & \xleftarrow{\mathrm{pr}_{23}^*} & F^s(V_j \times_U W_k) & \xleftarrow{\mathrm{pr}_2^*} & F^s(W_k) \\
\uparrow {\scriptstyle \mathrm{pr}_{12}^*} & & \uparrow {\scriptstyle \mathrm{pr}_1^*} & & \uparrow \\
F^s(U_i \times_U V_j) & \xleftarrow{\mathrm{pr}_2^*} & F^s(V_j) & \longleftarrow & F^s(U) \\
\uparrow {\scriptstyle \mathrm{pr}_1^*} & & \uparrow & & \\
F^s(U_i) & \longleftarrow & F^s(U) & &
\end{array}
$$

$\overline{F}(U)$ をこの同値関係で割ったものを $F^a(U)$ と定義する.

主張 2.4.3. $F^a\colon \mathscr{C}^{op} \to (\mathrm{Set}),\ U \mapsto F^a(U)$ は層である.

証明. まず $U \to V$ を $\mathscr{C}$ の射とするとき, $F^a(V) \to F^a(U)$ が導かれることを示さなければならない. つまり $\overline{F}(V)$ で同値関係にある二つの元が $\overline{F}(U)$ の同値関係にある二つの元に写るということを証明する必要がある. これは定義に従って確かめるだけであるので演習問題とする.

F^a が層の公理を満たすことは, その作り方からすぐに従う. □

定義 2.4.4. F^a を F の層化という.

3 Picard スキーム

まず最初に記号の約束をしていく.

この節では分離的有限型射 $f\colon X \to S$ を固定する. $T \to S$ を S-スキームとするとき

$X_T = X \times_S T$ とおく.

$f_T\colon X_T \to T$ を射影とする.

$T' \to T$ を T-スキームとして, $\mathscr{N} \in \mathrm{Pic}(T), \mathscr{M} \in \mathrm{Pic}(X_T)$ とするとき

$\mathscr{N}\,|_{T'}$ または $\mathscr{N}_{T'}$ を引き戻しとする.

$\mathscr{M}\,|_{T'}$ または $\mathscr{M}_{T'}$ を引き戻しとする.

$P \in (\mathrm{Sch}/S)$ に対して, $T \to P$ を P の T-値点と呼ぶ. $P(T) = \mathrm{Hom}_{\mathrm{Sch}/S}(T, P)$ を P の T-値点全体とする.

3.1 いくつかの Picard 関手

Picard 群を表現するスキームが存在する条件を考察していく. いくつかの Picard 関手について考察していく.

まず最初に Picard 関手の候補として挙がるのが $T \to S \in (\mathrm{Sch}/S)$ に対して

$$\mathrm{Pic}_X(T) = \mathrm{Pic}(X_T)$$

という関手である．これを絶対 Picard 関手というが，これの表現可能性について考える．

主張 3.1.1. $\mathrm{Pic}_X(-)$ は big Zariski 位相で分離的な前層ではない．従ってこれは表現可能ではない．

証明．$T \to S \in (\mathrm{Sch}/S)$ と $\mathscr{N} \in \mathrm{Pic}(T)$ を $f_T^*\mathscr{N}$ が非自明になるようにとる．(例として $T = \mathbb{P}^1_X$, $\mathscr{N} = \mathscr{O}_T(1)$ とすればよい．) Zariski 被覆 $T' = \coprod_i T_i \to T$ で $\mathscr{N} \mid T'$ が自明になるものが存在する．これは各 T_i 上 $\mathscr{N}$ が自明になるようにすればよい．何故なら，$\mathrm{Pic}(\coprod_i T_i) = \Pi_i \mathrm{Pic}(T_i)$ だからである．よって引き戻し $f_{T'}^*\mathscr{N} \mid X_{T'}$ も自明となる．よって $\mathrm{Pic}_X(T)$ の 0 でない元で，$\mathrm{Pic}_X(T')$ へ制限すると 0 になるものが存在する．よって $\mathrm{Pic}_X(T) \to \Pi_i \mathrm{Pic}_X(T_i)$ が単射でない．よって Pic_X は big Zariski 位相で分離的でないので層になることができないので表現可能ではない． □

よって絶対 Picard 関手は候補から外れる．上記の反例では $\mathrm{Pic}_X(T) \to \Pi_i \mathrm{Pic}_X(T_i)$ が単射でないのが原因だったので $\mathrm{Pic}(X_T)$ を $\mathrm{Pic}(T)$ で割ることを考えよう．

定義 3.1.2. 相対的 Picard 関手 $\mathrm{Pic}_{X/S}$ とは

$$\mathrm{Pic}_{X/S}(T) = \mathrm{Pic}(X_T)/\mathrm{Pic}(T)$$

で定義される関手 $(\mathrm{Sch}/S)^{op} \to (\mathrm{Set})$ である．

これを big Zariski 位相 étale 位相, fppf 位相で層化したものをそれぞれ

$$\mathrm{Pic}_{(X/S)(\mathrm{Zar})}, \mathrm{Pic}_{(X/S)(\text{ét})}, \mathrm{Pic}_{(X/S)(\mathrm{fppf})}$$

と記す．これらのいずれかが表現可能なとき，表現するスキームを X/S の Picard スキームと呼び $\mathbf{Pic}_{X/S}$ と記す．

3.2 相対的有効因子

Grothendieck は適切な有効因子の族を取り，それらを線形同値で割ることにより Picard スキームを構成した．ここでは適切な有効因子について扱っていく．

定義 3.2.1. 閉部分スキーム $D \subset X$ が有効 (Cartier) 因子であるとは対応するイデアル $\mathscr{I}$ が可逆であることと定義する．$\mathscr{O}_X$ 加群 $\mathscr{F}$ と整数 n が与えられたとき，

$$\mathscr{F}(nD) = \mathscr{F} \otimes \mathscr{I}^{\otimes -n}$$

とおく．特に $\mathscr{O}_X(-D) = \mathscr{I}$ である．単射 $\mathscr{I} \hookrightarrow \mathscr{O}_X$ に $\mathscr{O}(D)$ をテンソルすることにより，単射 $\mathscr{O}_X \hookrightarrow \mathscr{O}_X(D)$ を得る．大域切断をとることにより単射 $0 \to \Gamma(X, \mathscr{O}_X) \to$

$\Gamma(X, \mathscr{O}_X(D))$ を得るが $\Gamma(X, \mathscr{O}_X) = k$ であるので $\mathscr{O}_X(D)$ の大域切断を一つ与えることになる．このように単射から誘導される $\mathscr{O}_X(D)$ の大域切断を regular と呼ぶ．

逆に X 上の任意の可逆層 $\mathscr{L}$ に対して $H^0(X, \mathscr{L})_{\mathrm{reg}}$ を $H^0(X, \mathscr{L})$ の regular な切断の集合とする．つまり $\mathscr{L}^{-1} \hookrightarrow \mathscr{O}_X$ に対応する大域切断の集合とする．

$$|\mathscr{L}| = \{D \mid D \text{ は } X \text{ の有効因子で } \mathscr{O}_X(D) \simeq \mathscr{L}\}$$

とおく．これを $\mathscr{L}$ に付随する完備線型系と呼ぶ．(X は整とは限らないので $|\mathscr{L}| = \mathbb{P}^n$ とは限らない．)

補題 3.2.2. $H^0(X, \mathscr{L})_{\mathrm{reg}}/H^0(X, \mathscr{O}_X^*) \simeq |\mathscr{L}|$ である．

証明．この補題は今後使用しないので読者の演習とする． □

定義 3.2.3. S 上のスキーム $f\colon X \to S$ に対して X/S 上の相対的有効因子とは X の有効因子 D であって S 上平坦なものと定義する．

補題 3.2.4. $D \subset X$ を閉部分スキームとして, $x \in D$ を 1 点として $s \in S$ を x の像とする．このとき次の主張は同値となる．

(i) 部分スキーム $D \subset X$ は x において相対的有効因子である（即ち x の近傍においてそうである）．

(ii) スキーム X と D は x で S 平坦であり, ファイバー D_s は x において X_s 上の有効因子である．

(iii) スキーム X は x で S 平坦で, 部分スキーム $D \subset X$ は x においてファイバー X_s 上正則な（非零因子な）一つの元によって切り出される．

証明．$A = \mathscr{O}_{S,s}$ とおき, k をその剰余体とする．$B = \mathscr{O}_{X,x}$, $C = \mathscr{O}_{D,x}$ とおく．すると $B \otimes_A k = \mathscr{O}_{X_s,x}$ である．

(i) を仮定して (ii) を示す．仮定から D は x で有効因子であるから, ある正則元 b であって D のイデアルを生成するものが存在する．

$$0 \to B \xrightarrow{b} B \to C \to 0$$

この完全系列に $\otimes_A k$ を施して

$$\mathrm{Tor}_1^A(B, k) \to \mathrm{Tor}_1^A(B, k) \to \mathrm{Tor}_1^A(C, k) \to B \otimes_A k \to B \otimes_A k$$

を得る．仮定より D は x で S 平坦なので, $\mathrm{Tor}_1^A(C, k) = 0$ となる．よって $0 \to B \otimes_A k \to B \otimes_A k$ は完全で像は D_s のイデアルである．よって D_s は有効因子．$\mathrm{Tor}_1^A(B, k) \xrightarrow{b} \mathrm{Tor}_1^A(B, k) \to 0$ は完全であり $\mathrm{Tor}_1^A(B, k)$ は有限生成 B 加群であり b が B の極大イデアルの元であるから, 中山の補題により $\mathrm{Tor}_1^A(B, k) = 0$ となる．平坦性の判定法から B は A 平坦．よって X は x で S 平坦であり (ii) が成立する．

(ii) を仮定して (iii) を示す．D の B 内でのイデアルを I とする．D_s の $B \otimes_A k$ でのイデアルを I' とする．$b \in I$ を $B \otimes_A k$ への像を b' としたとき b' が I' を生成するものをとる．このような b' は正則である．b が I を生成することが示したいことである．

$$0 \to I \to B \to C$$

という完全系列において C は A 平坦であるので $I \otimes_A k \to B \otimes_A k$ は単射である．その像は I' であり I' は b' で生成される．b の $I \otimes_A k$ 内での像は $I \otimes_A k$ を生成する．中山の補題から b は I を生成する．よって (iii) が示された．

(iii) を仮定して (i) を示す．B 内の D のイデアルを I を表す．仮定より I は次の条件を満たす元 b で生成される: b の $B \otimes_A k$ の像 b' は正則．b が正則で, C が A 平坦であることが示すべきことである．完全系列

$$0 \to I \to B \to C \to 0$$

に $\otimes_A k$ を施して完全系列

$$\mathrm{Tor}_1^A(B,k) \to \mathrm{Tor}_1^A(C,k) \to I \otimes_A k \xrightarrow{\alpha} B \otimes_A k \tag{1}$$

が得られる．$I = Bb$ であり b をかけることにより全射 $B \to I$ となるから $B \otimes_A k \to I \otimes_A k$ も全射．合成

$$B \otimes_A k \to I \otimes_A k \xrightarrow{\alpha} B \otimes_A k$$

を考える．これは b' をかけることで得られるから b' が正則であることより単射である．よって $B \otimes_A k \xrightarrow{\sim} I \otimes_A k$ は単射である．仮定より B は A 平坦である．よって $\mathrm{Tor}_1^A(B,k) = 0$ である．(1) の完全性から $\mathrm{Tor}_1^A(C,k) = 0$ である．平坦性の判定法から C は A 平坦である．B と C は A 平坦で

$$0 \to I \to B \to C \to 0$$

が完全なので I は A 平坦である．$B \xrightarrow{b} I \to 0$ の核を K とすると

$$0 \to K \to B \to I \to 0$$

は完全で I が A 平坦であることから

$$0 \to K \otimes_A k \to B \otimes_A k \to I \otimes_A k \to 0$$

は完全である．$B \otimes_A k \xrightarrow{\sim} I \otimes_A k$ なので $K \otimes_A k = 0$．よって中山の補題から $K = 0$ となる．K は $B \xrightarrow{b} I \to 0$ の核なので b は正則である．よって (i) が成り立つ． □

定義 3.2.5. $\mathrm{Div}_{X/S} \colon (\mathrm{Sch}/S)^{op} \to (\mathrm{Set})$ を $T \to S$ に対して

$$\mathrm{Div}_{X/S}(T) = \{D \mid D \text{ は } X_T/T \text{ 上の相対的有効因子 }\}$$

と定義する．

補題 3.2.6. $\mathrm{Div}_{X/T}$ は反変関手である.

証明. $p\colon T' \to T$ を S 上の射とする. D を X_T/T 上の相対的有効因子とする. $D_{T'}$ は T' 平坦の閉部分スキームである. I を D のイデアルとする. D は T 平坦なので $p^*_{X_T} I$ は $D_{T'}$ のイデアルである. I は可逆であるので $p^*_{X_T} I$ も可逆である. よって $D_{T'}$ も相対的有効因子である. □

定理 3.2.7. $f\colon X \to S$ を射影的で平坦なスキームの射とする. このとき $\mathrm{Div}_{X/S}$ は Hilbert スキーム $\mathbf{Hilb}_{X/S}$ の開部分スキーム $\mathbf{Div}_{X/S}$ で表現可能である.

証明. $H = \mathbf{Hilb}_{X/S}$ とおき $W \subset X \times H$ を普遍閉部分スキームとして $q\colon W \to H$ を射影とする. q は固有で平坦であることに注意する.

$$V = \{w \in W \mid w \text{ において } W \text{ は } X \times H \text{ 内で有効因子}\}$$

とおく. V は W の空でない開集合である. $Z = q(W - V)$ とおくと, q は固有なので Z は H の閉集合である. $U = H - Z$ とおく. $q^{-1}U$ は $X \times U$ の有効因子である. q は平坦であるので $q^{-1}U$ は $X \times U/U$ の相対的有効因子である.

U が $\mathrm{Div}_{X/S}$ を表現することをみる. T を S スキームとする. $D \subset X_T/T$ を相対的有効因子とする. (H, W) の普遍性から $g\colon T \to H$ で $g_X^{-1}W = D$ となる g がただ一つ存在する. g が U を経由することを示せばよい. 各 $t \in T$ に対してファイバー $D_t \subset X_{T,t}$ は有効因子. ここで $D_t = W_{g(t)} \otimes k(t)$ であり, 体の拡大は忠実平坦であるので $W_{g(t)}$ も因子である. $X \times H$ と W は H 平坦なので 補題 3.2.4 により W は $g(t)$ 上のファイバーに沿って相対的有効因子である. よって $g(t) \in U$ である. U は開集合なので g は U を経由する. □

補題 3.2.8. $f\colon X \to S$ を固有なスキームの射として, $\mathscr{F}$ を S 上平坦な連接 $\mathscr{O}_X$ 加群とする. このとき連接 $\mathscr{O}_S$ 加群 $\mathscr{Q}$ と関手の同型 q であって任意の準連接 $\mathscr{O}_S$ 加群 $\mathscr{N}$ に対して

$$q\colon \underline{Hom}(\mathscr{Q}, \mathscr{N}) \xrightarrow{\sim} f_*(\mathscr{F} \otimes f^*\mathscr{N})$$

が同型になるものが存在する. 対 $(\mathscr{Q}, q)$ は唯一の同型を除いて一意的であり, 基底変換と可換である. 特に局所化と可換である.

$s \in S$ を固定して $S = \mathrm{Spec}\,\mathscr{O}_{S,s}$ と仮定する. このとき次は同値である.

(i) $\mathscr{O}_S$-加群 $\mathscr{Q}$ は自由である.

(ii) 関手 $\mathscr{N} \mapsto f_*(\mathscr{F} \otimes f^*\mathscr{N})$ は右完全.

(iii) 任意の $\mathscr{N}$ に対して, 自然な射 $f_*(\mathscr{F}) \otimes \mathscr{N} \to f_*(\mathscr{F} \otimes f^*\mathscr{N})$ は同型である.

(iv) 自然な写像 $H^0(X, \mathscr{F}) \otimes k(s) \to H^0(X_s, \mathscr{F}_s)$ は全射である.

証明. [EGAIII2][8] をみよ. □

定義 3.2.9. X/S を S 上のスキームとする. $\mathscr{L}$ を X 上の可逆層とする. $\mathrm{Div}_{X/S}$ の部分

関手 $\mathrm{LinSys}_{\mathscr{L}/X/S}$ を S 上のスキーム $T \to S$ に対して

$$\mathrm{LinSys}_{\mathscr{L}/X/S} = \left\{ D \;\middle|\; \begin{array}{l} D \text{ は } X_T/T \text{ 上の相対的有効因子で, ある } T \text{ 上の可逆層 } \mathscr{N} \text{ に} \\ \text{対して } \mathscr{O}_{X_T}(D) \simeq \mathscr{L}_T \otimes f_T^* \mathscr{N} \text{ となる} \end{array} \right\}$$

と定める.

定理 3.2.10. X/S を固有で平坦で, 任意の幾何学的ファイバーは整と仮定する. $\mathscr{L}$ を X 上の可逆層として $\mathcal{Q}$ を補題 3.2.8 において $\mathscr{F} = \mathscr{L}$ とした時の $\mathscr{O}_S$ 加群とする. $L = \mathbb{P}(\mathcal{Q})$ とおく. このとき L は関手 $\mathrm{LinSys}_{\mathscr{L}/X/S}$ を表現する.

証明. $D \in \mathrm{LinSys}_{\mathscr{L}/X/S}(T)$ として $\mathscr{O}_{X_T}(D) \cong \mathscr{L}_T \otimes f_T^* \mathscr{N}$ とする. 後に示すように, $\mathscr{N}$ は同型を除いて一意的に定まる. 今はこの事実を認めて証明を進める. D が $\sigma \in H^0(X_T, \mathscr{L}_T \otimes f_T^* \mathscr{N})$ で定まっているとする. $\mathcal{Q}$ を $\mathrm{Hom}(\mathcal{Q}_T, \mathscr{N}) \simeq f_{T*}(\mathscr{L}_T \otimes f_T^* \mathscr{N})$ となるようにとる. 従って σ は準同型 $u\colon \mathcal{Q}_T \to \mathscr{N}$ に対応する. $t \in T$ とする. D は X_T/T 上の相対的有効因子なので, D_t はファイバー X_t 上の因子である. D_t は $\sigma_t \in H^0(X_t, \mathscr{L}|_{X_t})$ で定まるので $\sigma_t \neq 0$ である必要がある. しかし σ_t は $u \otimes k(t)$ に対応するので, $u \otimes k(t) \neq 0$ である. $\mathscr{N}$ は可逆であるので $\mathscr{N} \otimes k(t)$ は 1 次元の $k(t)$-ベクトル空間である. よって $u \otimes k(t)$ は全射である. よって中山の補題から u は t で全射である. t は任意であったから u はどこでも全射である. 従って $u\colon \mathcal{Q}_T \to \mathscr{N}$ は S-射 $p\colon T \to L$ を惹き起こす [EGAII,4.2.3][6]. $(\mathscr{N}, u)$ は同型を除いて一意的であるから, p も一意的に定まる. この構成は T に関して関手的である. 従って次の関手の射を得る:

$$\Lambda\colon \mathrm{LinSys}_{\mathscr{L}/X/S}(T) \to L(T).$$

この Λ が同型であることを示そう. $p \in L(T)$ とする. $p\colon T \to L$ を S-射とする. p は全射 $u\colon \mathcal{Q}_T \to \mathscr{N}$ から起こっている. 即ち, $u = p^*\alpha$ である. ここで全射 $\alpha\colon \mathcal{Q}_L \to \mathscr{O}(1)$ は tautological map である. さらに同型を除いて対 $(\mathscr{N}, u)$ は一意的である.

$$\mathrm{Hom}(\mathcal{Q}_T, \mathscr{N}) \simeq f_{T*}(\mathscr{L}_T \otimes f_T^* \mathscr{N})$$

において, 全射 u は大域切断 $\sigma \in H^0(X_T, \mathscr{L}_T \otimes f_T^* \mathscr{N})$ に対応する. $t \in T$ とする. $u \otimes k(t)$ は全射なので $u \otimes k(t) \neq 0$ である. $u \otimes k(t)$ は $\sigma_t \in H^0(X_t, \mathscr{L}|_{X_t})$ に対応するので $\sigma_t \neq 0$ である.

X/S の任意の幾何学的ファイバーは整であるので X_t は整である. よって σ_t は regular である. 切断 σ は $(\mathscr{L}_T \otimes f_T^* \mathscr{N})^{-1} \to \mathscr{O}_{X_T}$ を定める. この像は閉部分スキーム $D \subset X$ のイデアルである. ここで D は 1 つの元で定まっている. さらにファイバー X_t 上では σ_t に対応しているので D は regular である. よって D は X_T/T 上の相対的有効因子である. よって $D \in \mathrm{LinSys}_{\mathscr{L}/X/S}(T)$ となる. また D は $(\mathscr{N}, u)$ に対応する唯一の因子である. こうして Λ は同型となり, L は $\mathrm{LinSys}_{\mathscr{L}/X/S}$ を表現することが判った. □

では上の証明の中で保留したところを証明していこう. まず補題を二つ用意する.

補題 3.2.11. $f\colon X \to S$ を S 上のスキームとする．$f^{\#}\colon \mathscr{O}_S \xrightarrow{\sim} f_*\mathscr{O}_X$ が同型と仮定する．$\Phi\colon \mathscr{C}(S) \to \mathscr{C}(X)$, $\mathscr{N} \mapsto f^*\mathscr{N}$ という関手を考える．ここで $\mathscr{C}(S)$ は S 上の有限階数の局所自由層の圏であり, $\mathscr{C}(X)$ は X 上のそれである．

このとき Φ は忠実充満であり, その本質的像は $\mathscr{M} \in \mathscr{C}(X)$ で次の二つの条件を満たすもので構成される:

(i) $f_*\mathscr{M} \in \mathscr{C}(S)$

(ii) 自然な射 $f^*f_*\mathscr{M} \to \mathscr{M}$ は同型である．

証明．任意の $\mathscr{N} \in \mathscr{C}(S)$ に対して次の 3 つの自然な同型の列がある:

$$\mathscr{N} \xrightarrow{\simeq} \mathscr{N} \otimes f_*\mathscr{O}_X \xrightarrow{\simeq} \mathscr{N} \otimes f_*f^*\mathscr{O}_S \xrightarrow{\simeq} f_*f^*\mathscr{N}. \tag{2}$$

最初の同型は $f^{\#}$ によるテンソル積から起こる．$f^{\#}$ は仮定から同型である．第二の同型は $\mathscr{O}_X = f^*\mathscr{O}_S$ の同一視から起こる．第三の同型は射影公式から起こる．

さて, 任意の $\mathscr{N} \in \mathscr{C}(S)$ に対して, $\underline{Hom}(\mathscr{N}, \mathscr{N}') \in \mathscr{C}(S)$ である．したがって式 (2) により,

$$\underline{Hom}(\mathscr{N}, \mathscr{N}') \xrightarrow{\simeq} f_*f^*\underline{Hom}(\mathscr{N}, \mathscr{N}')$$

が成り立つ．ここで $\mathscr{N}$ と $\mathscr{N}'$ は有限階数の局所自由層であるから,

$$f^*\underline{Hom}(\mathscr{N}, \mathscr{N}') \to \underline{Hom}(f^*\mathscr{N}, f^*\mathscr{N}')$$

は局所的に同型であるから大域的にも同型である．したがって群の同型

$$\mathrm{Hom}(\mathscr{N}, \mathscr{N}') \xrightarrow{\simeq} \mathrm{Hom}(f^*\mathscr{N}, f^*\mathscr{N}')$$

を得る．言い換えれば $\mathscr{N} \mapsto f^*\mathscr{N}$ は忠実充満である．

最後にその本質的像は, その定義から, ある $\mathscr{N} \in \mathscr{C}(S)$ に対して $\mathscr{M} \simeq f^*\mathscr{N}$ と成るような $\mathscr{M}$ から構成される．このような $\mathscr{M}, \mathscr{N}$ に対して式 (2) より, $f_*\mathscr{M} \simeq \mathscr{N}$ という同型がある．従って $f_*\mathscr{M} \in \mathscr{C}(S)$ であり $f^*f_*\mathscr{M} \to \mathscr{M}$ は局所的に同型であり, よって大域的に同型である．よって (i),(ii) が成り立つ．逆に (i),(ii) が成り立てば, 定義よりそれは本質的像の中に入る． □

補題 3.2.12. $f\colon X \to S$ は固有で平坦とし, 任意の幾何学的ファイバーは被約で連結と仮定する．このとき $\mathscr{O}_S \xrightarrow{\sim} f_*\mathscr{O}_X$ が普遍的に成り立つ．

証明．$s \in S$ としよう．K を $k(s)$ の代数的閉包として $A = H^0(X_K, \mathscr{O}_{X_K})$ とおく．f は固有なので A は K-ベクトル空間として有限次元である．よって A は Artin 環である．X_K は連結なので A は二つの 0 でない環の積ではない [EGAIII2,7.8.6.1][8]．よって A は Artin 局所環である．X_K は被約であるから A も被約である．よって A は K の有限次拡大体である．K は代数的閉体なので $A = K$ である．コホモロジーは平坦な基底変換と可換なので $k(s) \to H^0(X, \mathscr{O}_{X_s})$ は同型である．

同型 $k(s) \to H^0(X, \mathscr{O}_{X_s})$ は $f_*(\mathscr{O}_X) \otimes k(s)$ を経由する:

$$k(s) \xrightarrow{\alpha} f_*(\mathscr{O}_{\mathscr{X}}) \otimes k(s) \xrightarrow{\beta} H^0(X_s, \mathscr{O}_{X_s}).$$

よって β は全射である. 補題 3.2.8 において $\mathscr{F} = \mathscr{O}_X$, $\mathscr{N} = k(s)$ とおくと (iv) $\Rightarrow$ (iii) により β は同型となる. よって α も同型となる. $f^{\#}\colon \mathscr{O}_S \to f_*\mathscr{O}_X$ は次の理由によって s で全射である. 実際, $\mathcal{G} = \operatorname{coker}(f^{\#})$ とおくときテンソル積は右完全で, $k(s) \to f_*(\mathscr{O}_X) \otimes k(s)$ は同型であるから, $\mathcal{G} \otimes k(s) = 0$ となる. よって中山の補題から茎 $\mathscr{G}_s = 0$ となるので主張を得る.

$\mathcal{Q}$ を補題 3.2.8 において $\mathscr{F} = \mathscr{O}_X$ とおいたときに付随する $\mathscr{O}_S$-加群とする. 同補題の (iv) $\Rightarrow$ (i) により, $\mathcal{Q}$ は s で自由となる. 再び同補題において $\mathscr{N} = k(s)$ とおいたときの同型により $\mathcal{Q}_s$ の階数は 1 である. しかし $\mathscr{N} = \mathscr{O}_S$ とおくと, この同型は $Hom(\mathcal{Q}, \mathscr{O}_X) \to f_*\mathscr{O}_X$ となる. 従って $f_*\mathscr{O}_X$ も s において階数 1 の自由層である. それ故 $\mathscr{O}_S \to f_*\mathscr{O}_X$ は s で同型である. s は任意であったので, $\mathscr{O}_S \to f_*\mathscr{O}_X$ はどこでも同型となる.

最後に $T \to S$ を任意の S-スキームとする. $f_T\colon X_T \to T$ も固有で平坦で, その幾何学的ファイバーは被約で連結となる. よって直前で示したことにより $\mathscr{O}_T \to f_{T*}\mathscr{O}_{X_T}$ は同型となる. □

この二つの補題を組み合わせれば定理 3.2.10 において $\mathscr{N} \simeq \mathscr{N}'$ であることが次のように判る. $\mathscr{L}_T \otimes f_T^*\mathscr{N} \simeq \mathscr{L}_T \otimes f_T^*\mathscr{N}'$ から $f_T^*\mathscr{N} \simeq f_T^*\mathscr{N}'$ であることが $\mathscr{L}$ が可逆であることから従う. $f\colon X \to S$ は固有で平坦であり任意の幾何学的ファイバーは整であるから, 補題 3.2.12 から $\mathscr{O}_S \xrightarrow{\sim} f_*\mathscr{O}_X$ が普遍的に成り立ち, $f_T\colon X_T \to T$ に補題 3.2.11 を適用すれば $\mathscr{N} \simeq \mathscr{N}'$ を得る.

3.3 Picard スキームの存在定理

ここでは Picard スキームの存在を証明するが, まず技術的な補題を準備しておく.

補題 3.3.1. étale 層の射 $\alpha\colon F \to G$ が与えられているとする. このとき α が全射であることと G が $F \times_G F \rightrightarrows F$ の coequalizer であることは同値である.

証明. $F \to G$ を全射とする. étale sheaf の射 $\varphi\colon F \to H$ で下の図式のように $\varphi \circ \mathrm{pr}_1 = \varphi \circ \mathrm{pr}_2\colon F \times_G F \to H$ を満たすものが与えられたとき, この図式を可換にする étale sheaf の射 $G \to H$ が唯一つ存在することを示さなくてはならない.

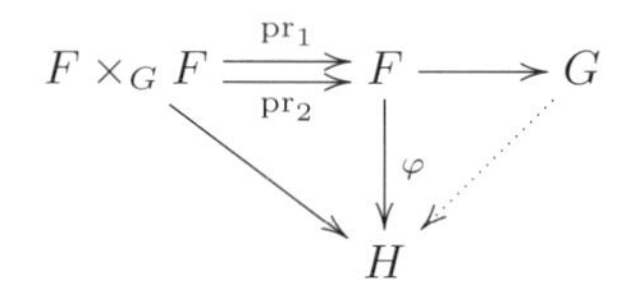

$\eta \in G(T)$ を任意にとる．η の $H(T)$ への行き先を定める．étale 被覆 $T' \to T$ と $\zeta' \in F(T')$ があって, ζ' と η が $G(T')$ で同じ像を持つようにできる．$T'' = T' \times_T T'$ とおく．すると ζ' の二つの $F(T'')$ での像は一つの $(F \times_G F)(T'')$ の像を定める．二つの射 $F \times_G F \rightrightarrows H$ は等しいので ζ'' の $H(T'')$ での二つの像は等しい．しかしこれら二つの像は $\varphi(\zeta') \in H(T')$ の二つの像に等しい．H は層なので下の図式は coequalizer だから, $\varphi(\zeta')$ は唯一の元 $\theta \in H(T)$ の像である．

$$H(T) \longrightarrow H(T') \underset{\mathrm{pr}_2^*}{\overset{\mathrm{pr}_1^*}{\rightrightarrows}} H(T' \times_T T')$$

$\theta \in H(T)$ は T' と $\zeta' \in F(T')$ の取り方に依らない．実際 $\zeta_1' \in F(T_1')$ を第 2 の選択だとしよう．上と同様の議論をすると $\varphi(\zeta_1') \in H(T_1')$ と $\varphi(\zeta') \in H(T')$ が $H(T_1' \times T')$ で同じ像を持つこと判る．よって ζ_1' も θ を導く．

写像 $G(T) \to H(T)$ を $\eta \mapsto \theta$ で定める．この写像は T に関して関手的である．よって層の射 $G \to H$ が定まる．$F \to G \to H$ は $\varphi\colon F \to H$ に等しい．最後に $G \to H$ は唯一のこのような射である．何故なら η の $H(T)$ への像は, η の $G(T')$ への像で決定され, それは $\varphi(\zeta')$ に写されるからである．よって

$$F \times_G F \rightrightarrows F \to G$$

は coequalizer である．

逆に G を $F \times_G F \rightrightarrows F$ の coequalizer と仮定する．前層 H' を次のように定める．

$$H'(T) = \{x \in G(T) \mid \alpha(y) = x \text{ となる } y \in F(T) \text{ が存在する }\}$$

H' に付随する étale sheaf を H とする．α は $F \to H \to G$ と分解する．よって二つの射 $F \times_G F \rightrightarrows H$ は等しい．G は coequalizer なので射 $G \to H$ で $F \to G \to H$ が $F \to H$ に等しいものが唯一つ存在する．従って $F \to G \to H \hookrightarrow G$ は $F \to G$ に等しい．よって一意性から $G \to H \hookrightarrow G$ は 1_G に等しい．よって $H = G$ となり, $\alpha\colon F \to G$ は全射である．□

定義 3.3.2. Abel 写像とは関手の自然変換

$$A_{X/S}(T)\colon \mathrm{Div}_{X/S}(T) \to \mathrm{Pic}_{X/S}(T)$$

で $D \in \mathrm{Div}_{X/S}(T)$ を $\mathscr{O}_{X_T}(D)$ に対応させるものである．$\mathrm{Pic}_{X/S}(T)$ は $\mathrm{Pic}_{(X/S)(\text{ét})}(T)$ などの層化したものに置き換えてもよい．

次が主定理である．定理の主張がやや入り組んでいるが, 証明を読めばその意味は明らかになっていくであろう．

定理 3.3.3. $f\colon X \to S$ を射影的でかつ平坦で, 任意の幾何学的ファイバーが整とし, S を Noether 的と仮定する．このとき $\mathrm{Pic}_{(X/S)(\text{ét})}$ は表現可能で, $\mathbf{Pic}_{X/S}$ は各成分が S 上の開なる準射影的スキームの増大列の合併となっているスキームの disjoint union となっているスキームである．

証明. 米田の補題により, 任意のスキーム T と関手 $\mathrm{Hom}(-,T)\colon (\mathrm{Sch})^{op} \to (\mathrm{Set})$ を同一視する. $\mathrm{Hom}(-,T)$ も T と記す. $P = \mathrm{Pic}_{(X/S)(\text{ét})}$ とおく. $P(T) = \mathrm{Hom}(T,P)$ とする.

多項式 $\varphi \in \mathbb{Q}[n]$ が与えられた時, étale 部分層 $P^{\varphi} \subset P$ を次のように定める. まず前層 $\overline{P^{\varphi}}$ を

$$\overline{P}^{\varphi}(T) = \{\mathscr{L} \in \mathrm{Pic}(X_T) \mid \chi(X_t, \mathscr{L}_t^{-1}(n)) = \varphi(n)\ \text{が任意の}\ t\ \text{で成り立つ})\}$$

で定める. これは well-defined である. 即ち $p\colon T' \to T$ に関する基底変換を考える. 任意の $t' \in T'$, 任意の整数 i, 任意の整数 n に対して

$$H^i(X_{t'}, \mathscr{L}_{t'}^{-1}(n)) = H^i(X_{p(t')}, \mathscr{L}_{p(t')}^{-1}(n)) \otimes_{k(t)} k(t')$$

となることが, コホモロジーは平坦な基底変換と可換になることから判る. よって

$$\pi^*\colon \overline{P}^{\varphi}(T) \to \overline{P}^{\varphi}(T')$$

が $\mathscr{L} \mapsto \pi^*\mathscr{L}$ で定まる. 下図を参照せよ.

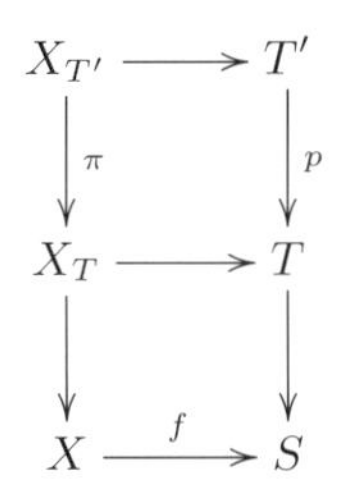

$\overline{P}^{\varphi}$ を étale site で層化したものを P^{φ} とする. これは P の étale 部分層である.

射 $T \to P$ を固定する. これは $P(T) = \mathrm{Pic}_{(X/S)(\text{ét})}(T)$ であり, $x \in P(T)$ とすると x は étale 被覆 $p\colon T' \to T$ と可逆層 $\mathscr{L}' \in \mathrm{Pic}(X_T')$ の対 $(\{T' \to T\}, \{\mathscr{L}'\})$ で代表される. 部分集合 $T'^{\varphi} \subset T'$ を次のように定める.

$$T'^{\varphi} = \{t' \in T' \mid \chi(X_{t'}, \mathscr{L}'^{-1}_{t'}(n)) = \varphi(n)\}$$

[EGAIII2, 7.9.11][8] により $T'^{\varphi} \subset T'$ は開集合である. $T^{\varphi} = p(T'^{\varphi})$ とおく. T'^{φ} が開集合で p が étale だから $T^{\varphi} \subset T$ は開集合である.

$T'^{\varphi} = p^{-1}(T^{\varphi})$ であることを示す. 実際 $t' \in p^{-1}(T^{\varphi})$ とする. $p(t') = p(t'_1)$ で $t'_1 \in T'^{\varphi}$ とする. $t' \in T'^{\varphi}$ が示したいことである. ここで étale 被覆 $T'' \to T' \times_T T'$ であって $\mathscr{L}'$ の $X_{T''}$ への二つの引き戻しが同型になるものが存在する. それを $\mathscr{M}$ とする. $t'' \in T''$ をその第 1 の射の像が $t' \in T'$ になり, 第 2 の射の像が t'_1 となるようにとる. すると

$$\chi(X_{t'}, \mathscr{L}'^{-1}_{t'}(n)) = \chi(X_{t''}, \mathscr{M}_{t''}^{-1}) = \chi(X_{t'_1}, \mathscr{L}'^{-1}_{t'_1}) = \varphi(n)$$

となる. よって $t' \in T'^{\varphi}$ となる. 従って $p^{-1}(T^{\varphi}) \subset T'^{\varphi}$ となり, それ故 $T'^{\varphi} = p^{-1}(T^{\varphi})$ である.

さらに T'^{φ} は関手の積 $P^{\varphi} \times_P T$ を表現することを示す. R を任意の S-スキームとして, この二つの関手が同じ R-値点を持つことを示せばよい. $r\colon R \to T$ を任意の S 上の射とする. $R' = R \times_T T'$ とおき $r'\colon R' \to T'$ を射影とする. r が T^{φ} を経由すると仮定しよう. すると r' は T'^{φ} を経由する. すると定義から $R' \to T' \to P$ は P^{φ} を経由する. $R' \to R$ は étale 被覆であり P^{φ} は étale 層であるから $R \to T \to P$ は P^{φ} を経由する. ここまでの議論は下の図式にまとめてある.

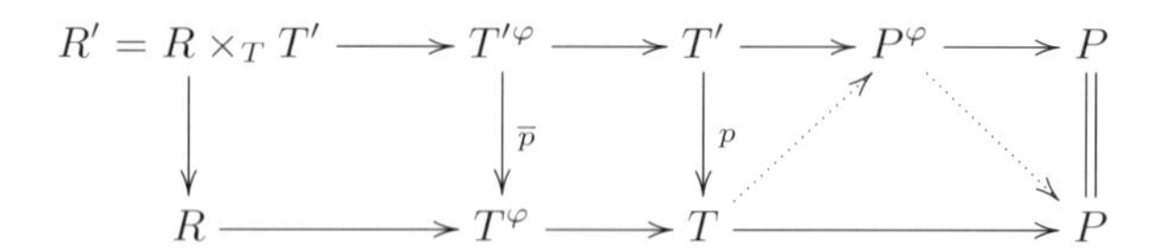

逆に, $R \to T \to P$ が P^{φ} を経由したと仮定する. $R \to P$ とは $P(R)$ の元であり, 従って $(\{R'' \to R\}, \{\mathscr{L}''\})$ で代表される. ここで $R'' \to R$ は étale 被覆であり, $\mathscr{L}'' \in \mathrm{Pic}_{X/S}(X_{R''})$ であり,

$$\chi(X_u, \mathscr{L}''^{-1}_u(n)) = \varphi(n)$$

が任意の $u \in R''$ で成り立つ.

$(\{R'' \to R\}, \{\mathscr{L}''\})$ と $(\{R' \to R\}, \{\mathscr{L}'\})$ は共に $R \to P$ を定めるから, étale 被覆 $R''' \to R'' \times_R R'$ であって $\mathscr{L}''$ と $\mathscr{L}'$ の引き戻しが同型になるものが存在する. その同型類を $\mathscr{N}$ とする. 任意の $t'' \in R''$ と $t' \in R'$ をとるとき, $t \in R'' \times_R R'$ であって R'', R' への射影がそれぞれ t'', t' となるものをとる. このとき

$$\chi(X_{R',t'}, \mathscr{L}'^{-1}_{t'}(n)) = \chi(X_{R''',t}, \mathscr{N}^{-1}_t(n)) = \chi(X_{R'',t''}, \mathscr{L}''^{-1}_{t''}(n)) = \varphi(n)$$

となる. 従って $r'\colon R' \to T'$ の像は T'^{φ} に含まれる. ここで $T'^{\varphi} \subset T'$ は開集合であったから, r' は T'^{φ} を経由する. 従って T^{φ} と $P^{\varphi} \times_P T$ は同じ R-値点を持つ.

φ を動かそう. T'^{φ} は T' を disjoint に被覆する. よって T^{φ} は T を disjoint に被覆する. [EGAG,(0,4.5.4)][13] により各 P^{φ} がスキームで表現されているとすると, P はそれらのスキームの disjoint union で表現される. よって各 P^{φ} が増大する開なる準射影 S-スキームの合併で表現されることを示せば十分である.

φ を固定する. $m \in \mathbb{Z}$ に対して étale 部分層 $P^{\varphi}_m \subset P^{\varphi}$ を次の前層 $\overline{P}^{\varphi}_m$ の étale site による層化として定義する.

$$\overline{P}^{\varphi}_m(T) = \{\mathscr{L} \in \overline{P}^{\varphi}(T) \mid R^i f_{T*}\mathscr{L}(n) = 0 \text{ が任意の } i \geq 1,\ n \geq m \text{ で成り立つ.}\}$$

とおくとこれは前層になことを証明する. まず $R^i f_{T*}\mathscr{L}(n) = 0$ が任意の $i \geq 1$, $n \geq m$ で成り立つことと, $H^i(X_t, \mathscr{L}_t(n)) = 0$ が任意の $i \geq 1$, $n \geq m$, $t \in T$ で成り立つことは同値であることに注意する.

$p\colon T' \to T$ を任意の S 上の射とすると, コホモロジーは平坦な基底変換と可換なので

$$H^i(X_{t'}, \mathscr{L}_{t'}(n)) = H^i(X_{p(t')}, \mathscr{L}_{p(t')}(n)) \otimes_{k(t)} k(t')$$

となるので $\overline{P}^{\varphi}_m(T) \to \overline{P}^{\varphi}_m(T')$ が $\mathscr{L} \mapsto p^*\mathscr{L}$ で定義される. よって $\overline{P}^{\varphi}_m$ は前層として well-defined であり, 従って P^{φ}_m も定義できた.

$P^{\varphi} \times_P T$ に対して行った議論と同様にして, 与えられた射 $T \to P^{\varphi}$ に対して, 各 $m \in \mathbb{Z}$ をとるとき $P^{\varphi}_m \times_P T$ は T の開部分スキームとなり $m_1 \leq m_2$ のとき

$$P^{\varphi}_{m_1} \times_P T \subset P^{\varphi}_{m_2} \times_P T$$

となり, 更に,

$$\cup_{m \in \mathbb{Z}} P^{\varphi}_m \times_P T = T$$

となる. 但し開部分スキームになることは Serre の定理を用いる [EGAIII1,2.2.2][7]. よって各 P^{φ}_m が準射影的 S-スキームで表現されることを示せば十分である.

φ と m を固定する. $\varphi_0(n) = \varphi(m+n)$ とおく. すると関手の同型 $P^{\varphi}_m \xrightarrow{\sim} P^{\varphi_0}_0$ が次のように定義される. 関手の自己同型

$$\epsilon\colon \operatorname{Pic}_{X/S} \to \operatorname{Pic}_{X/S}$$

を $T \to S$ に対して

$$\epsilon(T)\colon \operatorname{Pic}_{X/S}(X_T) \to \operatorname{Pic}_{X/S}(X_T)$$

を $\mathscr{L} \mapsto \mathscr{L}(m)$ で定義する. ϵ は P 上の自己同型 ϵ^+ を惹き起こし, ϵ^+ は P^{φ}_m を $P^{\varphi_0}_0$ に写す. 従って $P^{\varphi_0}_0$ が準射影的なスキームで表現される事を示せば十分である.

関数 $s \mapsto \chi(X_s, \mathscr{O}_{X_s}(n))$ は S 上の局所定数である [EGAIII2,7.9.11][8]. 従って S を開かつ閉なる部分集合で置き換えれば上記関数は定数としてよい. その定数を $\psi(n) = \chi(X_s, \mathscr{O}_{X_s}(n))$ とおく.

Abel 写像 $A_{X/S}\colon \operatorname{Div}_{X/S} \to P$ を考える. $\operatorname{Div}_{X/S}$ は $\mathbf{Hilb}_{X/S}$ の開部分スキームである. 積 $P^{\varphi_0}_0 \times_P \operatorname{Div}_{X/S}$ を作る. 先に示したように $P^{\varphi_0}_0 \times_P \operatorname{Div}_{X/S}$ は $\operatorname{Div}_{X/S}$ の開部分スキームである. $Z = P^{\varphi_0}_0 \times_P \operatorname{Div}_{X/S}$ とおく. $\theta(n) = \psi(n) - \varphi_0(n)$ とおくと $Z \subset \mathbf{Hilb}^{\theta}_{X/S}$ であり, $\mathbf{Hilb}^{\theta}_{X/S}$ は S 上射影的であるから Z は準射影的である.

ここで射影 $\alpha\colon Z = P^{\varphi_0}_0 \times_P \operatorname{Div}_{X/S} \to P^{\varphi_0}_0$ は étale 層の全射である事をみる. 言い換えれば S-スキーム T と $\lambda \in P^{\varphi_0}_0(T)$ が与えられたとき, étale 被覆 $p\colon T_1 \to T$ と $\lambda_1 \in Z(T_1)$ が存在して, 下の図式において $\alpha(T_1)(\lambda_1) = p^*(\lambda)$ が $P^{\varphi_0}_0(T_1)$ の中で成り立つことを示さなければならない.

$$\begin{array}{ccc} Z(T) & \xrightarrow{\alpha(T)} & P^{\varphi_0}_0(T) \\ \downarrow{\scriptstyle p^*} & & \downarrow{\scriptstyle p^*} \\ Z(T_1) & \xrightarrow[\alpha(T_1)]{} & P^{\varphi_0}_0(T_1) \end{array}$$

λ は $(\{T' \to T\}, \{\mathscr{L}'\})$ で代表されるとする．ここで $T' \to T$ は étale 被覆で, $\mathscr{L}'$ は $X_{T'}$ 上の可逆層である．

さて, 定義から $T' \times_{P_0^{\varphi_0}} Z$ は $\mathrm{LinSys}_{\mathscr{L}'/X_{T'}/T'}$ に等しい．そこで $\mathscr{L}'$ に付随した $\mathscr{O}_{T'}$-加群 $\mathcal{Q}$ によって $T' \times_{P_0^{\varphi_0}} Z = \mathbb{P}(\mathcal{Q})$ とかける．今 $m = 0$ であるから $H^1(X_t, \mathscr{L}_t) = 0$ が任意の $t \in T'$ で成り立つから $\mathcal{Q}$ は局所自由である．従って $\mathbb{P}(\mathcal{Q})$ は T' 上滑らかである．従って étale 被覆 $p\colon T_1 \to T'$ と T'-射 $T_1 \to \mathbb{P}(\mathcal{Q})$ が存在する [EGAIV4,17.16.3 (ii)][12]．すると合成 $T_1 \to \mathbb{P}(\mathcal{Q}) \to Z \to P_0^{\varphi_0}$ は合成 $T_1 \to T' \to T \to P_0^{\varphi_0}$ に等しい．下図を参考にせよ．

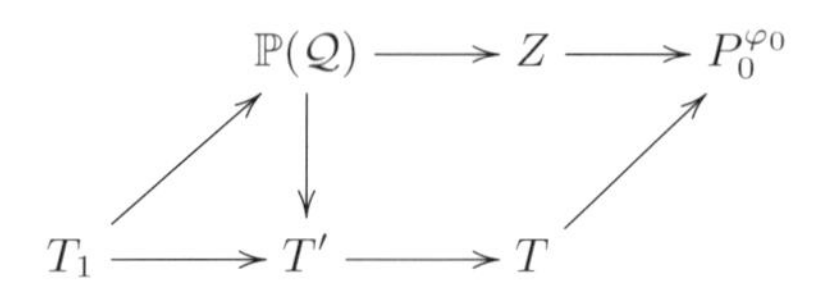

言い換えれば, 射 $T_1 \to Z$ は $\lambda_1 \in Z(T_1)$ であって $\alpha(T_1)(\lambda_1) = p^*(\lambda)$ となるものである．合成 $T_1 \to T' \to T$ は étale 被覆であるから, α は étale 層の全射である．

$\alpha\colon Z \to P_0^{\varphi_0}$ は X_Z/Z 上の普遍的相対的有効因子に付随する可逆層によって定義されている．よって上記で $T = Z, T' = T$ とおけば, $Z \times_{P_0^{\varphi_0}} Z$ は第 1 の射影が滑らかで射影的なスキームとなる．それ故, 次の補題から定理を得る． □

補題 3.3.4. $\alpha\colon Z \to P$ を étale 層の射とする．$R = Z \times_P Z$ とおく．次を仮定する．

(1) α は全射.

(2) Z は準射影的 S-スキームで表現される.

(3) R は S-スキームで表現される.

(4) 第 1 の射影 $\mathrm{pr}_1\colon R = Z \times_P Z \to Z$ は滑らかで固有な S-スキームの射で表現される.

このとき P は準射影的な S-スキームで表現され, α は滑らかな射で表現される.

証明. 記号を省略するため, スキームとそれを定める関手を同じ記号で表す.

$Z \to S$ は準射影的だから分離的である．よって第 1 の射影 $\mathrm{pr}_1\colon Z \times_S Z \to Z$ も分離的. $R = Z \times_P Z \to Z$ は固有で

$$Z \times_P Z \xrightarrow{h} Z \times_S Z \xrightarrow{\mathrm{pr}_1} Z$$

と分解する．よって h は固有である．h は mono 射なので, h は T-値点上単射になる (T は S-スキーム)．よって h は閉埋め込みである [EGAIV3,8.11.5][11].

T を S-スキームとするとき, $R(T) \subset Z(T) \times_{S(T)} Z(T)$ は同値関係のグラフである．$R \to Z$ は平坦かつ固有, Z は準射影的 S-スキームである．従って, 準射影的 S-スキーム Q と忠実平坦かつ射影的な射 $Z \to Q$ であって $R = Z \times_Q Z$ となるものが存在する．定理 1.8.5 を参照せよ.

$Z \to Q$ は平坦なので, この射が滑らかであることと全てのファイバーが非特異であることは同値である. しかしそれらのファイバーは, 基礎体の拡大を除いて, $R \to Z$ のファイバーと同じである. そして $R \to Z$ は仮定より滑らかである. よって $Z \to Q$ は滑らかである.

後は Q が P を表現することを示せばよい. まず $Z \to Q$ が étale 層の全射を表現することに注意する. 実際 $Q(T)$ の元 x をとり, $A = Z \times_Q T$ とおく. すると $A \to T$ は滑らかである. すると étale 被覆 $T' \to T$ と T-射 $T' \to A$ が存在する [EGAIV4,17.16.3(ii)][12]. すると $T' \to A \to Z$ は $Z(T')$ の元で $Q(T')$ の元を $x \in Q(T)$ に写す.

$Z \to Q$ は étale 層の全射であり, Q は étale 層の圏の $R \rightrightarrows Z$ の coequalizer である. 補題 3.3.1 を参照せよ. しかし P も $R \rightrightarrows Z$ の coequalizer である. 任意の圏において coequalizer は同型を除いて一意的であるから, Q は P を表現することが判る. □

以上で Picard スキームの存在が証明され, この本の目的は達成された.

4 さらに読み進めるために

本書は [3] を元に Picard スキームに焦点をあてたものである. Picard スキームについてはさらに詳しい性質が載っているので本書のあと読まれてみると良いだろう. これは Grothendieck の FGA(Fondements de la Géometrie Algébrique) の理論を解説しているのでかなり力がつくはずである.

また [1] では, 正標数の代数曲面の双有理幾何的分類において Picard スキームを有効に活用している.

なお, 本書（この同人誌）が難しく感じられた方は, [2, 21] をマスターしてから再度挑戦して欲しい. 圏論について勉強したい方は [23] を読んで欲しい. また複素多様体の古典的な Picard 多様体や, 代数曲線の Abel の定理を勉強したい方は [22] をみてほしい. Grothendieck 位相に関しては [24] を大変参考にさせていただいた.

この本は私自身が Picard スキームについて勉強したことをきっかけに執筆が開始された. 半年間以上執筆にかかったが, 相応に充実した内容になっていると思っている. ぜひ Grothendieck の世界へ飛び立って欲しい.

5 あとがき

私の昔からの読者はご存知だろうが, 私の本の最後にはエッセイというか雑文が載るのが慣習となっている. 本書は学術書に近いので割愛しようと思ったのだが, 編集部内でそれだけだとあまりに人間味がない本になるということで載せることにした. 私はどこの研究機関にも属していない人間だが, 数学の論文を細々と書いて投稿したりしている. 現在は基礎的数学力をあげるためにひたすら勉強するというフェーズにいる. 数年間修行をしてドラゴンボールの悟空なみにレベルアップしようと目論んでいる. 取り組みたい問題があるのだが, それが様々な分野に精通していないと手も足も出ない問題なので修行しているのである.

仕事は家庭教師と塾講師をしている. 高い時給で短い時間働くということを心がけている. 勉強する時間を作り出すためである. 株取引もやっている. 2024 年は本業よりも利益が出ている. 実は株取引を本業にしようと思って一時期のめり込んだ時期がある. 順調に勝てたものの, 虚しい気持ちになってきて, 今は全部株を売ってしまった. 老後のために若い時間を株取引に使ってしまってどうするんだ, という気持ちになったのだ.

結局, 金にならなくても偉くなれなくても, 数学をやっている時間が一番楽しいのだ. 楽しく研究して時々女の子とデートをする. そんな生活を送っている. 偉くならなくてもいいが, 良い論文は書きたいと思っている. けれども焦ってはいない. 焦ってもろくな研究はできないのだ.

時は流れ時代は移ろって行くが, 数学の真実は不変である. その黄金のようなものに魅せられた生活が続いていく.

参考文献

[1] [Badescu] L. Badescu, *Algebraic Surfaces*, Universitext, Springer-Verlag, 2001.

[2] [Fu] L. Fu, *Etale Cohomology Theory*, Revised Edition, Nankai Tracts in Mathematics, vol. 14, World Scientific, 2011.

[3] [FGA] A. Grothendieck, *Fondements de la Géométrie Algébrique (FGA): Extraits du Séminaire Bourbaki, 1957–1962*, Secrétariat mathématique, Paris, 1962.

[4] [FGAexplained] B. Fantechi, L. Gottsche, L. Illusie, S.L.Kleiman, N.Nitsure, A.Vistoli, *Fundamental Algebraic Geometry: Grothendieck's FGA Explained*, Mathematical Surveys and Monographs, vol. 123, American Mathematical Society, 2005.

[5] [EGAI] A. Grothendieck and J. Dieudonné, *Éléments de Géométrie Algébrique I: Le langage des schémas*, Publ. Math. IHÉS, vol. 4, 1960.

[6] [EGAII] A. Grothendieck and J. Dieudonné, *Éléments de Géométrie Algébrique II: Étude globale élémentaire de quelques classes de morphismes*, Publ. Math. IHÉS, vol. 8, 1961.

[7] [EGAIII1] A. Grothendieck and J. Dieudonné, *Éléments de Géométrie Algébrique III: Étude cohomologique des faisceaux cohérents, Première partie*, Publ. Math. IHÉS, vol. 11, 1961.

[8] [EGAIII2] A. Grothendieck and J. Dieudonné, *Éléments de Géométrie Algébrique III: Étude cohomologique des faisceaux cohérents, Seconde partie*, Publ. Math. IHÉS, vol. 17, 1963.

[9] [EGAIV1] A. Grothendieck and J. Dieudonné, *Éléments de Géométrie Al-*

gébrique IV: Étude locale des schémas et des morphismes de schémas, Première partie, Publ. Math. IHÉS, vol. 20, 1964.

[10] [EGAIV2] A. Grothendieck and J. Dieudonné, *Éléments de Géométrie Algébrique IV: Étude locale des schémas et des morphismes de schémas, Seconde partie*, Publ. Math. IHÉS, vol. 24, 1965.

[11] [EGAIV3] A. Grothendieck and J. Dieudonné, *Éléments de Géométrie Algébrique IV: Étude locale des schémas et des morphismes de schémas, Troisième partie*, Publ. Math. IHÉS, vol. 28, 1966.

[12] [EGAIV4] A. Grothendieck and J. Dieudonné, *Éléments de Géométrie Algébrique IV: Étude locale des schémas et des morphismes de schémas, Quatrième partie*, Publ. Math. IHÉS, vol. 32, 1967.

[13] [EGAG] A. Grothendieck, *Éléments de Géométrie Algébrique (Grundlehren der Mathematischen Wissenschaften, vol. 166)*, Springer-Verlag, 1971.

[14] [SGA1] A. Grothendieck, *Séminaire de Géométrie Algébrique I: Revêtements étales et groupe fondamental*, Lecture Notes in Mathematics, vol. 224, Springer-Verlag, 1971.

[15] [SGA2] A. Grothendieck, *Séminaire de Géométrie Algébrique II: Théorie des topos et cohomologie étale des schémas*, Lecture Notes in Mathematics, vol. 270, Springer-Verlag, 1972.

[16] [SGA3] A. Grothendieck, *Séminaire de Géométrie Algébrique III: Schémas en groupes*, Lecture Notes in Mathematics, vols. 151, 152, 153, Springer-Verlag, 1970.

[17] [SGA4] M. Artin, A. Grothendieck, and J.-L. Verdier, *Séminaire de Géométrie Algébrique IV: Théorie des topos et cohomologie étale des schémas*, Lecture Notes in Mathematics, vols. 269, 270, 305, Springer-Verlag, 1972 – 1973.

[18] [SGA5] A. Grothendieck, *Séminaire de Géométrie Algébrique V: Cohomologie ℓ-adique et Fonctions L*, Lecture Notes in Mathematics, vol. 589, Springer-Verlag, 1977.

[19] [SGA6] P. Berthelot, A. Grothendieck, and L. Illusie, *Séminaire de Géométrie Algébrique VI: Théorie des intersections et théorème de Riemann–Roch*, Lecture Notes in Mathematics, vol. 225, Springer-Verlag, 1971.

[20] [SGA7] P. Deligne and N. Katz, *Séminaire de Géométrie Algébrique VII: Groupes de monodromie en géométrie algébrique*, Lecture Notes in Mathematics, vols. 288, 340, Springer-Verlag, 1972–1973.

[21] [Har] R. Hartshorne, *Algebraic Geometry*, Graduate Texts in Mathematics, vol. 52, Springer-Verlag, 1977.

[22] [Kobayashi] 小林昭七, 複素幾何（第 3 版）, 岩波書店, 2019.

[23] [MacLane] S. Mac Lane, *Categories for the Working Mathematician*, 2nd ed.,

Graduate Texts in Mathematics, vol. 5, Springer-Verlag, 1998.
[24] [fiberedcat] https://paper3510mm.github.io/pdf/fiberedcat_and_stack.pdf

Picard スキームの代数的構成（ぴかーるすきーむのだいすうてきこうせい）

2024 年 11 月 23 日 初版 発行
著　者　Projective X（ぷろじぇくてぃぶえっくす）
発行者　星野 香奈（ほしの かな）
発行所　同人集合 暗黒通信団（https://ankokudan.org/d/）
〒277-8691 千葉県柏局私書箱 54 号 D 係
本　体　600 円 / ISBN978-4-87310-280-1 C3041